普通高等职业教育体系精品教材·计算机系列

Flash动画制作项目教程

（第2版）

U0229710

主　编◎李晓静　陈小玉

清华大学出版社

北京

内 容 简 介

本书以全新的授课方法，全面、系统地讲解了 Flash CS6 的各种新增功能，各种动画类型的详细制作思路与步骤，并在基本动画制作的基础上，引入 Flash 动画在各个工作领域中的实际应用项目，目的是帮助读者快速地掌握 Flash 动画设计的技术精髓。

本书是编者通过对多年教学经验的总结归纳，并结合 Flash 动画应用实践，精选出八大类项目编写而成。这 8 个项目又根据不同的应用目的分解为 3～5 个任务，每个任务都生动有趣、贴近实际，基本覆盖了 Flash 动画制作的应用范畴和常见问题，如电子贺卡、Flash 网络广告、Flash 网站动画、多媒体电子杂志等。对于这些任务，尽可能地按照由浅入深、循序渐进的方式排列，保证了知识的前后延续性。通过这 8 个项目，帮助学生打开一扇进入 Flash 动画制作领域的大门。项目 9 安排了 6 个综合实训项目，要求以学生为主体，教师指导，重在培养学生独立工作能力、团队管理能力、掌握工作的策略。

本书力求做到每个任务都有可见的结果，给学生以成就感，激发学生继续学习的热情。每个任务的内容适合一次课程完成。

图书在版编目（CIP）数据

Flash 动画制作项目教程 / 李晓静，陈小玉主编 . —2 版 . —北京：清华大学出版社，2016
（普通高等职业教育体系精品教材·计算机系列）
ISBN 978-7-302-44143-4

I . ①F… II . ①李… ②陈… III . ①动画制作软件—高等职业教育—教材 IV . ① TP391.41

中国版本图书馆 CIP 数据核字（2016）第 139087 号

责任编辑：苏明芳
封面设计：刘 超
版式设计：刘洪利
责任校对：马军令
责任印制：刘海龙

出版发行：清华大学出版社
　　网　　址：http：//www.tup.com.cn，http：//www.wqbook.com
　　地　　址：北京清华大学学研大厦 A 座　　　邮　　编：100084
　　社 总 机：010-62770175　　　　　　　　　　邮　　购：010-62786544
　　投稿与读者服务：010-62776969，c-service@tup.tsinghua.edu.cn
　　质 量 反 馈：010-62772015，zhiliang@tup.tsinghua.edu.cn
印 装 者：北京泽宇印刷有限公司
经　　销：全国新华书店
开　　本：185mm×260mm　　　印　　张：21　　　字　　数：440 千字
　　　　　（附 CD 光盘 1 张）
版　　次：2012 年 8 月第 1 版　　2016 年 12 月第 2 版　　印　　次：2016 年 12 月第 1 次印刷
印　　数：1～2500
定　　价：48.00 元

产品编号：067738-01

前　言

本书打破传统的教材编写模式，将 Flash 动画的设计技巧融入具体的项目和任务中，由浅入深，循序渐进。本书基于 Flash 动画在实际工作中的应用选取项目和任务，并对每个任务进行详细的分析和讲解，有助于读者在了解项目制作流程和制作规范的基础上，进一步提高灵活应用的能力，从而达到提高设计制作实战能力的目的。

全书分为 9 个项目、34 个任务，详细介绍了 Flash CS6 的基本功能和各类实战技巧。其中，项目 1、项目 2 为 Flash CS6 的基础应用，项目 3～项目 9 为 Flash 在各个领域中的应用案例，各个项目的内容如下：

项目 1 为 Flash 动画设计基础，包括 Flash CS6 基本操作技巧、工具应用技巧和动画制作技能准备 3 个子任务。

项目 2 为 Flash CS6 基础动画制作，包括逐帧动画制作、形状变形动画制作、补间动画制作、遮罩动画制作、引导动画制作 5 个子任务。

项目 3 为电子贺卡制作，包括父亲节贺卡的设计与制作、生日贺卡的设计与制作、圣诞节贺卡的设计与制作 3 个子任务。

项目 4 为 ActionScript 3.0 脚本语言，包括使用事件和函数、使用 ActionScript 创建动画、使用 ActionScript 和组件来加载内容 3 个子任务。

项目 5 为网络广告及片头动画制作，包括化妆品广告的设计与制作、汽车广告的设计与制作、网站片头动画的设计与制作、文化节宣传动画的设计与制作 4 个子任务。

项目 6 为网站导航条及整站动画制作，包括摄影网站导航、摄影网站、汽车网站导航、汽车网站的动画设计与制作 4 个子任务。

项目 7 为多媒体作品创作，包括 MTV 动画制作、电子相册的设计与制作、产品介绍电子杂志的设计与制作 3 个子任务。

项目 8 为 ActionScript 3.0 高级应用，包括剪刀石头布小游戏的设计与制作、MP3 音乐播放器的设计与制作、视频播放器的设计与制作 3 个子任务。

项目 9 为技能综合实训，包括餐饮广告制作、网站引导动画、动画短片的制作、简单 Flash 网站制作、教学课件制作、电子菜谱的制作 6 个子任务。

本书注重实践，突出应用与操作，不但针对 Flash 动画应用领域中的实际项目给出了详细的实践步骤，还在项目 9 中以项目实战为主要训练方式，每个项目任务都分为项目背景—设计提示—考核标准—项目效果 4 个部分，便于学生针对自身完成任务的效果做出合理的评价。本书既可作为高职高专院校、计算机培训学校相关课程的教材，也可作为二维动画设计人员的学习参考用书。本书的配套光盘中为读者提供了案例的素材文件、最终效果文件和项目制作中使用到的字体等。

参与本书编写的作者均为多年在高职院校从事二维动画设计教学的双师型教师，不仅具备丰富的教学经验，还十分熟悉企业的需求。具体分工如下：项目 1、项目 6 和项目 8 由南阳理工学院陈小玉编写，项目 2 由成艳真编写，项目 3 由徐红霞编写，项目 4、项目 5（任务 4）、项目 9 由李晓静编写，项目 5（任务 1~任务 3）由张沛朋编写，项目 7 由郭飞燕编写。其中李晓静、陈小玉任主编，张沛朋、郭飞燕、徐红霞、成艳真任副主编。在本教材编写过程中，受到了杨艳、白香芳、田江丽等老师的支持和帮助，在此表示真诚的感谢！

本书在编写过程中力求全面、深入，但由于编者水平有限，书中难免存在不足之处，欢迎广大读者朋友给予批评指正。

编 者

目 录

项目 1

PROJECT

Flash 动画设计基础

1.1 任务 1——Flash CS6 基本操作技巧

1.1.1 认识 Flash CS6

Flash 是一款优秀的动画制作软件，利用它可以制作出一种后缀名为 ".swf" 的动画文件，Flash 动画在网络中被广泛应用，在网络以外的应用也越来越普及。其应用主要表现为网页小动画、动画短片、产品演示、MTV 作品、多媒体教学课件、网络游戏和手机彩信等。

Flash 有 "闪" "闪烁" 的意思，因此，那些擅长使用 Flash 软件制作各种优秀作品的人被称为 "闪客"。闪客就在我们身边，我们每个人也都可能成为闪客，接下来就为大家讲解有关 Flash 动画制作的基础知识。

1.1.2 Flash CS6 软件的安装

（1）在 Flash CS6 软件光盘上运行 setup.exe 文件。

（2）安装向导被启动，并从压缩文件中解压文件。文件解压完毕后，出现安装程序初始化窗口，如图 1-1-1 所示。

图 1-1-1

（3）初始化完成后，出现欢迎使用 Flash CS6 安装向导的提示界面，如图 1-1-2 所示。

图 1-1-2

（4）单击"安装"按钮，程序开始自动安装，并显示进度条，如图 1-1-3 所示。

（5）当安装进度达到 100%时，出现安装完成的提示界面，如图 1-1-4 所示，单击"关闭"按钮即可。

图 1-1-3   图 1-1-4

1.1.3　Flash CS6 软件的启动与关闭

1. Flash CS6 的启动

单击 Windows 状态栏上的"开始"按钮，选择"所有程序"→"Adobe"→"Adobe Flash Professional CS6"命令，即可打开 Flash CS6 软件，如图 1-1-5 所示。当然，如果桌面上放置了 Flash CS6 的快捷图标，那么只需双击该图标即可启动 Flash CS6。

2. Flash CS6 的退出

当操作完毕需要退出 Flash CS6 程序时，有以下 4 种方法。

方法一：单击工作界面右上角的"退出"按钮×。

方法二：单击工作界面中标题栏最左侧的 Flash CS6 图标 **Fl**，在弹出的菜单中选择"关闭"命令，如图 1-1-6 所示。

方法三：执行"文件"→"退出"命令。

方法四：按 Alt+F4 组合键。

＊ **注意**，在退出 Flash CS6 程序时，如果当前编辑的文件没有保存，系统将会自动弹出如图 1-1-7 所示的对话框，提示保存当前文件。该对话框中有 3 个按钮，其含义分别如下。

"是"按钮：单击该按钮，将弹出"保存为"对话框，保存当前编辑的文件。

"否"按钮：单击该按钮，将退出 Flash CS6 程序，同时不保存当前编辑的文件。

"取消"按钮：单击该按钮，将取消保存命令，退回到 Flash CS6 操作界面。

图 1-1-5

图 1-1-6

图 1-1-7

1.1.4　Flash CS6 的工作界面

Flash CS6 的工作界面与 Flash CS5 相比，有很大的变化，如图 1-1-8 所示。Flash CS6 提供了"动画"、"传统"、"调试"、"设计人员"、"开发人员"和"基本功能"6 种工作界面供用户选择，用户可以根据个人习惯选择适合自己的工作界面布局。

菜单栏
工作区
工具箱
面板
时间轴

图 1-1-8

Flash CS6 的工作区由菜单栏、工具箱、时间轴、舞台工作区、浮动面板等组成。

执行"窗口"→"工具栏"→"×××"命令，可打开主工具栏、控制器和编辑栏。执行"窗口"→"工具"命令，可打开或关闭工具箱。执行"窗口"→"时间轴"命令，可打开或关闭时间轴。执行"窗口"→"×××"命令，可打开或关闭"属性"、"库"、"动作"、"行为"、"对齐"、"颜色"、"信息"、"样本"、"变形"、"组件"和"组件检查器"等面板。执行"窗口"→"其他面板"→"×××"命令，可打开或关闭"历史记录"和"场景"等面板。执行"窗口"→"隐藏面板"命令，可隐藏所有面板。执行"窗口"→"显示面板"命令，可显示所有隐藏的面板。

执行"窗口"→"工作区"命令，可打开"工作区"子菜单，其中包含"动画"、"传统"、"调试"、"设计人员"、"开发人员"和"基本功能"6 种不同的工作界面方式，选择一种，即可切换到该工作界面下。

1.1.5 Flash CS6 的文档操作

1. 新建 Flash 文档

新建 Flash 文档的方法有很多种，下面介绍两种简单的方法。

方法一：执行"文件"→"新建"命令，打开"新建文档"对话框，如图 1-1-9 所示，选择"常规"选项卡，在"类型"列表框中选择"Flash 文件（ActionScript 3.0）"选项或"Flash 文件（ActionScript 2.0）"选项，再单击"确定"按钮，即可创建一个新的 Flash 文档。

方法二：单击主工具栏中的"新建"按钮，即可创建一个新的 Flash 文档。

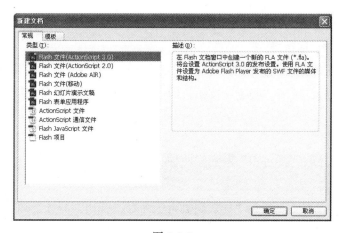

图 1-1-9

2. 设置文档属性

执行"修改"→"文档"命令，可弹出"文档设置"对话框，如图 1-1-10 所示。另外，单击工具箱中的"选择工具"按钮，再单击舞台，并单击"属性"面板中的"编辑"按钮，也会弹出"文档设置"对话框。该对话框中各选项的功能如下。

- "尺寸"选项组：包括"宽度"和"高度"两个文本框，可在其中设置舞台工作区的大小。默认单位为"像素"（px），最大值为 2880×2880 像素，最小值为 1×1 像素。
- "匹配"选项组：选中"打印机"单选按钮，可以使舞台工作区与打印机相匹配。选中"内容"单选按钮，可以使舞台工作区与影片内容相匹配，并使舞台工作区四周具有相同的距离。要使影片尺寸最小，可先把场景内容尽量向左上角移动，然后选中"内容"单选按钮。选中"默认"单选按钮，可以按照默认值设置属性。
- "背景颜色"选项：单击该选项，可以打开颜色面板，如图 1-1-11 所示。单击其中的某一色块，即可将其设置为舞台工作区的背景颜色。

图 1-1-10

图 1-1-11

- "帧频"文本框：用来输入影片的播放速度，默认的播放速度是 12fps，也就是每秒钟播放 12 帧画面。

- ● "标尺单位"下拉列表框：用来选择舞台上边与左边标尺的单位，可选择英寸、点、厘米、毫米、像素等。
- ● "设为默认值"按钮：单击该按钮，可使文档的属性设置为默认状态。

完成以上设置后，单击"确定"按钮，即可退出"文档设置"对话框。

3. 导入图像

导入图像分为导入到舞台和导入到库两种。

（1）导入到舞台

执行"文件"→"导入"→"导入到舞台"命令，弹出"导入"对话框，如图 1-1-12 所示，选择要导入的文件后，单击"打开"按钮，即可将选择的文件导入到舞台工作区和"库"面板中。

（2）导入到库

执行"文件"→"导入"→"导入到库"命令，弹出"导入"对话框，选择文件后，单击"打开"按钮，即可将选择的文件导入到"库"面板中，而不导入到舞台工作区。

4. 保存和关闭 Flash 文档

如果是第一次保存 Flash 文档，可执行"文件"→"保存"或"另存为"命令，弹出"另存为"对话框，将影片保存为扩展名为 .fla 的 Flash CS6 文档即可，如图 1-1-13 所示。

图 1-1-12   图 1-1-13

如果要关闭 Flash 文档，执行"文件"→"关闭"命令或单击 Flash 舞台窗口右上角的"关闭"按钮×即可。如果之前没有保存影片文件，则会弹出一个提示框，提示是否保存文档。单击"是"按钮，即保存文档；单击"否"按钮，即放弃保存文档。

如果要退出 Flash 文档，执行"文件"→"退出"命令或单击 Flash 舞台窗口右上角的"关闭"按钮×即可。如果在此之前还没有保存修改过的 Flash 文档，则会弹出一个提示框，提示是否保存文档。单击"是"按钮，即保存文档并关闭 Flash 文档窗口，退出 Flash CS6 软件。

1.1.6　舞台工作区的设置操作

1. 舞台和舞台工作区

创建或编辑 Flash 动画时离不开舞台。Flash 中，舞台是创建 Flash 文档时放置对象的矩形区域。

舞台工作区是舞台中的一个白色或其他颜色的矩形区域，只有舞台工作区内的对象才能够作为影片被打印或输出。Flash 运行后会自动创建一个新影片的舞台。舞台工作区是绘制图形、输入文字和编辑图形、图像等对象的矩形区域，也是创建影片的区域。

2. 舞台工作区显示比例的调整方法

方法一：舞台工作区的上方是编辑栏，编辑栏右侧有一个可以改变舞台工作区显示比例的下拉列表框，如图 1-1-14 所示。其中各选项的作用如下。

- "符合窗口大小"选项：可以按窗口的大小显示舞台工作区。
- "显示帧"选项：可以按舞台的大小自动调整舞台工作区的显示比例，使舞台工作区能够完全显示出来。
- "显示全部"选项：可以按舞台的大小自动调整舞台工作区的显示比例，使舞台工作区内所有的对象都能够完全显示出来。
- "100%"（或其他比例）选项：可以按 100%（或其他比例）显示舞台工作区。

方法二：执行"视图"→"缩放比率"命令，打开下一级子菜单，如图 1-1-15 所示，其余步骤同方法一。

图 1-1-14　　　　　　　　　　　　　图 1-1-15

方法三：使用工具箱中的缩放工具，可以改变舞台工作区的显示比例，也可以改变对象的显示比例。单击缩放工具，则工具箱内会出现（放大）或（缩小）两个按钮，单击可以放大舞台，单击可以缩小舞台。

3. **舞台工作区的网格、标尺和辅助线**

在舞台中为了使对象能准确定位，可在舞台的上边或左边显示标尺，并在舞台工作区中显示网格和辅助线。输出对象时，网格及辅助线不会随影片输出。

- 显示网格：执行"视图"→"网格"→"显示网格"命令，会在舞台工作区内显示网格。再次执行该命令，取消该命令左边的对勾，则可取消工作区内的网格。
- 编辑网格：执行"视图"→"网格"→"编辑网格"命令，弹出"网格"对话框，如图 1-1-16 所示。利用该对话框可以编辑网格颜色、网格间距、是否显示网格、移动对象时是否贴紧网格线等参数，显示的网格线如图 1-1-17 所示。

图 1-1-16

图 1-1-17

- 显示标尺：执行"视图"→"标尺"命令，此时会在舞台工作区的上边或左边显示标尺，如图 1-1-18 所示。再次执行该命令，取消命令左边的对勾，此时可取消标尺。
- 显示 / 清除辅助线：执行"视图"→"辅助线"→"显示辅助线"命令，再单击工具箱中的选择工具，从标尺栏向舞台工作区内拖动，即可产生辅助线。再次执行该命令，则可清除辅助线。
- 锁定辅助线：执行"视图"→"辅助线"→"锁定辅助线"命令，即可将辅助线锁定，此时将无法通过拖动改变辅助线的位置。
- 编辑辅助线：执行"视图"→"辅助线"→"编辑辅助线"命令，弹出"辅助线"对话框，如图 1-1-19 所示。利用该对话框，可以编辑辅助线的颜色、确定是否显示辅助线、是否对齐辅助线和是否锁定辅助线。

图 1-1-18

图 1-1-19

4. 对象贴紧

（1）与网格贴紧。如果在"网格"对话框（如图 1-1-16 所示）中选中"贴紧至网格"复选框，则以后在绘制、调整和移动对象时，可以自动与网格线对齐。"网格"对话框中的"贴紧精确度"下拉列表框中给出了"必须接近"、"一般"、"可以远离"和"总是贴紧" 4 个选项，表示贴紧网格的程度。

（2）与辅助线贴紧。在舞台工作区中创建了辅助线后，如果在"辅助线"对话框（如图 1-1-19 所示）中选中"贴紧至辅助线"复选框，则以后创建、调整和移动对象时，可以使其自动与辅助线对齐。

（3）与对象贴紧。单击主工具栏或工具箱"选项"栏中的"贴紧至对象"按钮 🔘 后，创建和调整对象时该对象将自动与附近的对象贴紧。

1.2　任务 2——Flash CS6 工具应用技巧

1.2.1　设置图形颜色

图形可以看成是由线和填充色组成的图形。矢量图形的着色有两种，一种是对线进行着色，另一种是在封闭的内部填充颜色。

1. "样本"面板

执行"窗口"→"样本"命令，打开"样本"面板，如图 1-2-1 所示。利用"样本"面板可以设置笔触和填充的颜色。

图 1-2-1

单击"样本"面板右上角的箭头按钮 ，弹出"样本"菜单。其中的部分命令如下。

● 直接复制样本：选中色块或颜色渐变效果图标，再执行该命令，即可在"样本"

面板相应的栏内复制样本。

● 删除样本：选中样本，再执行该命令，即可删除选定的样本。

● 添加颜色：执行该命令，即可弹出"导入色样"对话框，利用它可以导入 Flash 的颜色样本文件（扩展名为 .clr）、颜色表（扩展名为 .act）、GIF 格式图像的颜色样本等，并追加到当前颜色样本的后边。

● 替换颜色：执行该命令，即可弹出"导入色样"对话框，利用它可以导入颜色样本，并替换掉当前的颜色样本。

● 保存颜色：执行该命令，即可弹出"导出色样"对话框，利用它可将当前颜色面板以扩展名 .clr 或 .act 存储为颜色样本。

● 清除颜色：执行该命令，可清除颜色面板中的所有颜色样本。

● 按颜色排序：执行该命令，可将颜色样本中的色块按照色相顺序排列。

2. "颜色"面板

执行"窗口"→"颜色"命令，打开"颜色"面板，如图 1-2-2 所示。利用"颜色"面板可以调整笔触和填充颜色，并设置多色渐变的填充色。

单击"笔触颜色"按钮 ，可以设置笔触颜色；单击"填充颜色"按钮 ，可以设置填充颜色。

下面分别介绍"颜色"面板中各选项的作用。

（1）"类型"下拉列表框

● "无"填充样式：删除填充。

● "纯色"填充样式：提供一种纯正的填充单色，如图 1-2-2（a）所示。

● "线性"填充样式：产生沿线性轨迹的渐变色填充。

● "放射状"填充样式：从焦点沿环形轨迹的渐变色，如图 1-2-2（b）所示。

● "位图"填充样式：用位图平铺填充区域，如图 1-2-2（c）所示。

（a）

（b）

（c）

图 1-2-2

（2）颜色栏按钮

- "填充颜色"按钮 ：和工具箱中"颜色"栏及"属性"面板中"填充颜色"按钮的作用一样，单击可以打开"颜色"面板，如图 1-2-3 所示。单击面板中的任一色块，或者在左上角的文本框中输入颜色的十六进制代码，都可以设置填充颜色。

- "笔触颜色"按钮 ：和工具箱中"颜色"栏及"属性"面板中"笔触颜色"按钮的作用一样，单击可以打开"笔触颜色"面板，如图 1-2-4 所示。利用它可以给笔触设置颜色。

- 按钮组 ：和工具箱中"颜色"栏内的按钮组作用一样。单击 按钮，可设置笔触的颜色为黑色，填充的颜色为白色；单击 按钮，可取消颜色设置；单击 按钮，可将笔触颜色与填充颜色互换。

图 1-2-3　　　　　　　　　　　　图 1-2-4

（3）"颜色"面板菜单

单击"颜色"面板右上角的 按钮，可弹出一个命令菜单，其中部分命令的作用如下。

- HSB 命令：选择该命令，可将"颜色"面板的颜色模式由 RGB（红、绿、蓝）模式改为 HSB 模式。其中，H 表示色调，S 表示饱和度，B 表示亮度。
- RGB 命令：选择该命令，可将"颜色"面板的颜色模式由 HSB 模式改为 RGB 模式。
- "添加样本"命令：选择该命令，可将设置的渐变填充色添加到"样本"面板的最下面一行。

（4）设置渐变填充色

对于"线性"和"放射性"填充样式，可通过"颜色"面板中的关键点设置颜色的渐变效果。所谓关键点，是指表示起始颜色和终止颜色的点以及渐变颜色的转折点。

- 移动关键点：用鼠标拖动调整条下边的滑块 ，可以改变关键点的位置，以改变颜色的渐变情况。

- 改变关键点的颜色：选中调整条下边的滑块 ，再单击 按钮，弹出"颜色"面板，选中某种颜色，即可改变关键点的颜色。还可以在左边的文本框中设置颜色和不透明度。

● 增加关键点：在调整条下边要加入关键点处单击，即可增加一个新的关键点。可增加多个关键点，但总数不能超过 15 个。

● 删除关键点：向下拖动关键点滑块，即可将其删除。

（5）设置填充图像

在"颜色"面板的"类型"下拉列表框中选择"位图"选项时，如果之前没有导入过位图，则会弹出一个"导入到库"对话框。利用该对话框导入一幅图像后，即可在"颜色"面板中加入一个要填充的位图，单击小图像，即可选中该图像为填充图像。

另外，执行"文件"→"导入"→"导入到库"命令，或单击"颜色"面板中的"导入"按钮，弹出"导入"对话框，选择文件后单击"确定"按钮，即可在"库"面板和"颜色"面板中导入选中的位图。可以给"库"面板和"颜色"面板中导入多幅位图图像。

3. 渐变色的调整

选择渐变变形工具，再用鼠标单击填充图形的内部，即可在填充图形上出现一些圆形、方形和三角形的控制柄以及线条或矩形框。用鼠标拖动这些控制柄，可以调整填充图形的填充状态。例如，调整焦点，可以改变放射状渐变的焦点；调整中心的大小，可以改变渐变的实心点；调整宽度，可以改变渐变的宽度；调整大小，可以改变渐变的大小；调整旋转，可以改变渐变的放置角度。

选择渐变变形工具，单击"放射状"填充。填充中会出现 4 个控制柄和 1 个中心标记，如图 1-2-5 所示。选择渐变变形工具，再单击线性填充，填充中会出现 2 个控制柄和 1 个中心标记，如图 1-2-6 所示。选择渐变变形工具，再单击位图填充，填充中会出现 7 个控制柄和 1 个中心标记，如图 1-2-7 所示。

图 1-2-5　　　　　　　　图 1-2-6　　　　　　　　图 1-2-7

4. 颜料桶工具

颜料桶工具主要用于对填充属性（纯色填充、线性填充、放射性填充和位图填充等）进行修改。颜料桶工具的使用方法如下。

（1）设置填充的新属性。单击工具箱中的"颜料桶工具"按钮，此时鼠标也会变成形状，再单击舞台工作区中的某填充图形，即可为该填充图形应用新的填充属性。另外，可用鼠标在填充区域内拖动一条直线来完成线性渐变性填充和放射性渐变填充。

（2）单击"颜料桶工具"按钮，在工具箱下方会出现如图 1-2-8 所示的两个按钮。单击"空隙大小"按钮，可弹出如图 1-2-9 所示的 4 种空隙选项。

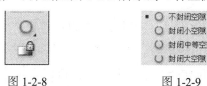

图 1-2-8　　　　　　　　图 1-2-9

- 不封闭空隙：表示在没有空隙的条件下才能进行颜色填充。
- 封闭小空隙：表示在空隙比较小的条件下才可以进行颜色填充。
- 封闭中等空隙：表示在空隙比较大的条件下也可以进行颜色填充。
- 封闭大空隙：表示在空隙很大的条件下进行颜色填充。

"锁定填充"按钮用于控制渐变的填充方式，当打开此功能时，所有使用渐变的填充只用到渐变形状的一部分；当关闭此功能时，可在填充区域显示整个渐变。

1.2.2　绘制简单图形

1　绘制线

绘制线条的操作方法如下。

（1）使用线条工具绘制直线。单击"线条工具"按钮，利用其"属性"面板设置线型和线的颜色，在舞台工作区内拖动鼠标，即可绘制各种长度和角度的直线。按住 Shift 键的同时拖动鼠标，可以绘制出水平、垂直和 45°角的直线。

（2）使用铅笔工具绘制线条图形。单击"铅笔工具"按钮，即可像用一支真的铅笔画图一样，可以绘制出任意形状的曲线矢量图形。绘制一条线后，Flash 可以自动对线条进行变直和平滑处理。按住 Shift 键的同时拖动鼠标，可以绘制出水平和垂直的直线。

单击工具箱中的"铅笔工具"按钮后，"选项"栏内会显示一个"铅笔模式"按钮，单击该按钮右侧的三角，出现如图 1-2-10 所示的 3 个按钮。

图 1-2-10

- "伸直"按钮：规则模式，适用于绘制规则线条，并且绘制的线条会被分段转换成与直线、圆、椭圆、矩形等规则线条中最接近的线条。
- "平滑"按钮：平滑模式，用于绘制平滑曲线。
- "墨水"按钮：徒手模式，用于绘制接近徒手画出的线条效果。

2. 绘制图形

（1）绘制矩形

单击工具箱中的"矩形工具"按钮□，设置笔触和填充的属性，"属性"面板如图 1-2-11 所示。拖动鼠标即可绘制出一个矩形，若按住 Shift 键，同时拖动鼠标，则可以绘制出正方形。

单击工具箱中的"基本矩形工具"按钮□，可以通过在"属性"面板中设置矩形的笔触、填充、半径等参数绘制圆角矩形等。

- 矩形边角半径：用于指定矩形的边角半径，可以在每个文本框中输入矩形边角半径的参数值。

- □（锁定）与□（解锁）：如果当前显示为锁定状态，那么只能设置一个边角半径参数，则所有的边角都会随之进行调整，同时也可以通过移动下面滑块的位置统一调整矩形的边角半径。单击"锁定"按钮□，将取消锁定，此时显示为□解锁状态，不能通过滑块的移动来调整矩形的参数，但是可以对 4 个边角进行半径的参数设置，如图 1-2-12 所示。

- 重置：单击该按钮，则矩形的边角半径的参数值将被重置为 0，此时矩形的边角为直角。

图 1-2-11

图 1-2-12

（2）绘制圆形

单击工具箱中的"椭圆工具"按钮○，设置笔触和填充的属性，"属性"面板如图 1-2-13 所示。拖动鼠标即可绘制一个椭圆图形，若按住 Shift 键的同时拖动鼠标，则可以绘制正圆形。

单击工具箱中的"基本椭圆工具"按钮○，通过在属性面板上设置"开始角度"与"结束角度"等参数绘制特殊形状的圆形，其中"开始角度"与"结束角度"用于设置椭圆图形的起始角度与结束角度值。如果角度值为 0，则可绘制出圆形或椭圆形。调整这两项的参数值，可以轻松地绘制出扇形、半圆形或其他图形。设置方法如图 1-2-14 所示。

图 1-2-13　　　　　　　　　　　　　　　　　　图 1-2-14

- 内径：用于设置椭圆的内径，其参数值范围是 0 ～ 99。如果参数为 0，则可根据"开始角度"与"结束角度"绘制出没有内径的椭圆形或圆形，如图 1-2-15 所示。

图 1-2-15

- 闭合路径：用于确定椭圆形的路径是否闭合。如果绘制的图形为一条开放路径，则生成的图形不会填充颜色，仅绘制笔触，默认情况下选中"闭合路径"复选框。
- 重置：单击该按钮，可将"椭圆工具" ◎中的"开始角度"、"结束角度"和"内径"参数全部重置为 0。

（3）绘制多边形和星形

"多角星形工具" ◎可用于绘制多边形或星形。在工具箱中选择该工具，在如图 1-2-16 所示的属性面板中单击"选项"按钮，可以弹出如图 1-2-17 所示的"工具设置"对话框，在该对话框中进行相关选项的设置。

图 1-2-16　　　　　　　　图 1-2-17

- 样式：用于设置绘制图形的样式，有多边形和星形两种类型可供选择。如图 1-2-18 所示为选择不同样式类型的效果。
- 边数：用于设置所绘制的多边形或星形的边数。
- 星形顶点大小：用于设置星形顶角的锐化程度，数值越大，星形顶角越圆滑；反之，星形顶角越尖锐。

图 1-2-18

1.2.3 图形变形

1. 使用选择工具改变图形形状

（1）使用工具箱中的选择工具 ，在对象外部单击，不选中要改变形状的对象。

（2）将鼠标指针移到线、轮廓线或填充的边缘处，会发现鼠标指针右下角出现一条小弧线或小直角线，此时用鼠标拖动线，即可看到被拖动线的形状变化情况，松开鼠标左键后，图形会发生大小与形状的变化，变化后的情况如图 1-2-19 所示。

图 1-2-19

2. 使用选择工具切割图形

（1）使用工具箱中的选择工具 ，用鼠标拖动出一个矩形，选中部分图形，拖动选中的这部分图形，即可将选中的图形从原图形中分离出来，如图 1-2-20（a）所示。

（2）在要切割的图形上绘制一条线，如图 1-2-20（b）所示，使用选择工具把选择的部分图形移开，然后删除绘制的线条。

（3）在要切割的图形上绘制另一个图形，再使用选择工具将新绘制的图形移开，可以将该图形和原图形重叠的部分切割掉，如图 1-2-20（c）所示。

（a）　　　　　　　　（b）　　　　　　　　（c）

图 1-2-20

3. 使用橡皮擦工具擦除图形

单击工具箱中的"橡皮擦工具"按钮 ，工具箱的选项栏中会出现 2 个按钮和 1 个下拉列表，如图 1-2-21 所示，各选项的作用如下。

图 1-2-21

- "水龙头"按钮：单击该按钮，鼠标指针变成 状，此时单击一个封闭并有填充的图形的内部，即可擦除填充。
- "橡皮擦形状"按钮：单击该按钮，打开下拉列表，可以选择橡皮擦的形状和大小。
- "橡皮擦模式"按钮：单击该按钮，打开如图 1-2-22 所示的下拉列表，利用它可以设置如下 5 种擦除方式。
  - "标准擦除"按钮：单击该按钮后，鼠标光标呈现橡皮状，拖动鼠标擦除图形时，可以擦除鼠标光标拖动过的矢量图形、线条、打碎的位图和文字。
  - "擦除填色"按钮：只可以擦除填充和打碎文字。
  - "擦除线条"按钮：只擦除线条和轮廓线。
  - "擦除所选填充"按钮：只擦除已选中的填充和分离的文字，不包括选中的线条、轮廓线和图像。

图 1-2-22

  - "内部擦除"按钮：只擦除填充色。

以上任何一种擦除方式都不能擦除文字、位图、组合和元件的实例。

1.2.4　绘制 3D 图形

在早期的 Flash 版本中，不能进行 3D 图形的制作，需要借助一些其他的软件才可以完成，但是 Flash CS6 中增加了 3D 的功能，允许用户把 2D 图形进行三维的旋转和移动，变成逼真的 3D 图形。

3D 旋转工具

使用 3D 旋转工具，可以在 3D 空间中旋转影片剪辑元件。当使用 3D 旋转工具选择影片剪辑实例对象后，在影片剪辑元件上将出现 3D 旋转空间，并且有彩色轴指示符，如图 1-2-23 所示。其中，红色线条表示沿 X 轴旋转图形，绿色线条表示沿 Y 轴旋转图形，蓝色线条表示沿 Z 轴旋转图形，橙色线条表示在 X、Y、Z 轴的每个方向上都发生旋转。需要旋转影片剪辑时，只需将鼠标指针移动到需要旋转的轴线上，然后进行拖动，则所编辑的对象即会随之发生旋转。

图 1-2-23

* **注意**，Flash CS6 中的 3D 工具只能对影片剪辑对象进行操作。

（1）使用 3D 旋转工具旋转对象

在工具箱中选择 3D 旋转工具后，工具箱下方会出现"贴紧至对象"按钮和"全局转换"按钮。其中，"全局转换"按钮为默认状态，表示当前状态为全局状态，此时旋转对象是相对于舞台进行旋转。如果取消全局状态，则表示当前为局部状态，在局部状态下旋转对象是相对于影片剪辑进行旋转。

使用 3D 旋转工具选择影片剪辑元件后，将鼠标指针移动到 X 轴线上时，指针会变成 形状，此时拖动鼠标，影片剪辑元件会沿着 X 轴方向进行旋转，如图 1-2-24 所示；将鼠标指针移动到 Y 轴线上时，指针会变成 形状，此时拖动鼠标，影片剪辑元件会沿着 Y 轴方向进行旋转，如图 1-2-25 所示；将鼠标指针移动到 Z 轴线上时，指针会变成 形状，此时拖动鼠标，影片剪辑元件会沿着 Z 轴方向进行旋转，如图 1-2-26 所示；将鼠标指针移动到 X 轴、Y 轴同时旋转的线上时，拖动鼠标，影片剪辑元件会同时沿着 X 轴和 Y 轴方向进行旋转，如图 1-2-27 所示。

图 1-2-24   图 1-2-25

图 1-2-26　　　　　　　　　　　　　图 1-2-27

（2）使用"变形"面板进行 3D 旋转

使用 3D 旋转工具 🕲，可以对影片剪辑元件进行任意的 3D 旋转，但如果想精确地控制剪辑元件的 3D 旋转，则需要在"变形"面板中进行参数设置。在舞台中选择影片剪辑元件后，"变形"面板中将出现 3D 旋转与 3D 中心位置的相关参数选项，如图 1-2-28 所示。

图 1-2-28

- "3D 旋转"栏：通过设置 X、Y、Z 轴的参数，来改变影片剪辑元件各个旋转轴的方向。
- "3D 中心点"栏：用于设置影片元件的 3D 旋转中心点的位置，可以通过设置 X、Y、Z 轴的参数来改变中心点的位置。

（3）3D 旋转工具的"属性"面板设置

选择 3D 旋转工具 🕲 后，在"属性"面板中将出现与 3D 旋转相关的设置选项，用于设置影片剪辑的 3D 位置、透明度及消失点等，如图 1-2-29 所示。

图 1-2-29

- 3D 定位和查看：用于设置影片剪辑元件相对于舞台的 3D 设置，可以通过设置 X、Y、Z 参数来改变影片剪辑实例在 X、Y、Z 轴方向上的坐标值。
- 透视角度：用于设置影片剪辑元件相对于舞台的外观视角，参数范围为 1 ～ 180。
- 透视 3D 宽度：用于显示 3D 对象在 3D 轴上的宽度。
- 透视 3D 高度：用于显示 3D 对象在 3D 轴上的高度。
- 消失点：用于控制舞台上 3D 影片剪辑元件的 Z 轴方向。
- "重置"按钮：单击该按钮，可以将消失点参数恢复为默认值。

2. 3D 平移工具

3D 平移工具 用于将影片剪辑元件在 X 轴、Y 轴、Z 轴方向上进行平移。

选择该工具，单击舞台中的影片剪辑元件，将会出现 3D 平移轴线，如图 1-2-30 所示。将鼠标指针平移到 X 轴线上时，指针会变成 形状，此时拖曳鼠标则影片剪辑元件会沿着 X 轴方向移动；将鼠标指针平移到 Y 轴线上时，指针会变成 形状，此时拖曳鼠标则影片剪辑元件会沿着 Y 轴方向移动；鼠标指针平移到 Z 轴线上时，指针会变成 形状，此时拖曳鼠标则影片剪辑元件会沿着 Z 轴方向移动；将鼠标指针平移到中心黑点时，指针会变成 形状，此时拖曳鼠标会改变影片剪辑 3D 中心点的位置，如图 1-2-31 所示。

图 1-2-30

图 1-2-31

1.2.5　Deco **装饰性绘画工具的使用**

Deco 工具是 Flash CS6 中一种类似"喷涂刷"的填充工具，使用 Deco 工具可以快速完成大量相同元素的绘制，也可以应用该工具制作出很多复杂的动画效果。将其与图形元件和影片剪辑元件配合使用，可以制作出更加丰富的动画效果。

1. 使用 Deco 工具填充图形

选择工具箱中的 Deco 工具 后，将光标放置到需要填充的图形处，单击鼠标，即可为其填充图案，填充的图形如图 1-2-32 所示。

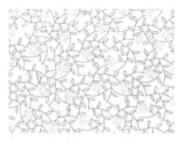

图 1-2-32

2. Deco 工具的属性设置

选择工具箱中的 Deco 工具 后，在"属性"面板中将出现其相关的属性设置，其中，绘制效果包括"藤蔓式填充"、"网络填充"和"对称刷子"3 种，如图 1-2-33 所示。

（1）藤蔓式填充

在属性面板中选择绘制效果为"藤蔓式填充"时，属性面板将出现"藤蔓式填充"的相关参数设置，如图 1-2-34 所示。

图 1-2-33

图 1-2-34

- 叶：用于设置藤蔓式填充的叶子图形，如果在"库"面板中有制作好的元件，则可将其作为叶子的图形。
- 花：用于设置藤蔓式填充的花图形，如果在"库"面板中有制作好的元件，则可将其作为花的图形。
- 分支角度：用于设置藤蔓式填充的枝条分支的角度值。
- 图案缩放：用于设置填充图案的缩放比例的大小。
- 段长度：用于设置藤蔓式填充中每个枝条的长度。

（2）网格填充

在属性面板中选择绘制效果为"网格填充"时，属性面板中将出现"网格填充"的相关参数设置，如图 1-2-35 所示。填充效果如图 1-2-36 所示。

图 1-2-35   图 1-2-36

- 水平间距：用于设置水平网格之间的距离。
- 垂直间距：用于设置垂直网格之间的距离。
- 图案缩放：用于设置填充图案的缩放比例的大小。

（3）对称刷子

在属性面板中选择绘制效果为"对称刷子"时，属性面板中将出现"对称刷子"的相关参数设置，如图 1-2-37 所示。填充效果如图 1-2-38 所示。

- 模块：用于设置对称刷子填充效果的图形，如果在"库"面板中有制作好的元件，可以将制作好的元件作为填充的图形。
- 高级选项：用于设置填充图形的填充模式，包括"跨线反射"、"跨点反射"、"绕点旋转"和"网格平移"4 个选项，如图 1-2-39 所示。

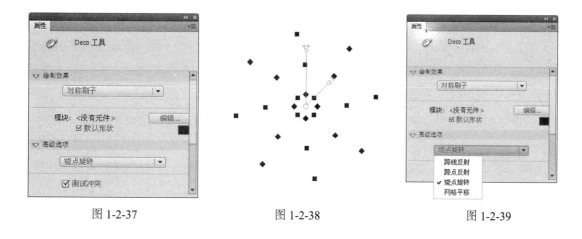

图 1-2-37　　　　　　　　图 1-2-38　　　　　　　　图 1-2-39

1.3　任务 3——Flash 动画制作技能准备

1.3.1　认识时间轴和帧

1. 时间轴

在 Flash 软件中，动画的制作是通过时间轴面板进行的。时间轴的左侧为层操作区，右侧为帧操作区，如图 1-3-1 所示。时间轴是 Flash 动画制作的核心部分，可以通过执行"窗口"→"时间轴"命令，或按 Ctrl+Alt+T 组合键对其进行隐藏或显示。

图 1-3-1

2. 帧操作

制作一个 Flash 动画的过程其实也就是对每帧进行操作的过程，通过在时间轴面板右侧的帧操作区进行各项操作，可以制作出丰富多彩的动画效果，其中的每一帧均代表一个画面。

（1）普通帧、关键帧与空白关键帧

在 Flash 中，帧的类型主要有普通帧、关键帧和空白关键帧 3 种。默认情况下，新建的 Flash 文档中包含一个图层和一个空白关键帧。操作者可以根据需要，在时间轴上创建一个或多个普通帧、关键帧和空白关键帧，如图 1-3-2 所示。

图 1-3-2

① 创建普通帧

普通帧，是指在时间轴上能显示实例对象但不能对实例对象进行编辑操作的帧。在 Flash CS6 中，创建普通帧的方法有如下两种。

方法一：执行"插入"→"时间轴"→"帧"命令或按 F5 键，即可插入一个普通帧。

方法二：在时间轴面板中需要插入普通帧的地方单击鼠标右键，从弹出的快捷菜单中选择"插入普通帧"命令，即可插入一个普通帧。

② 创建关键帧

关键帧，顾名思义，即为有关键内容的帧。关键帧可用来定义动画变化和状态更改，即能够对舞台上存在的实例对象进行编辑。在 Flash CS6 中，创建关键帧的方法有如下两种。

方法一：执行"插入"→"时间轴"→"关键帧"命令或按 F6 键，即可插入一个关键帧。

方法二：在时间轴面板中需要插入关键帧的地方单击鼠标右键，从弹出的快捷菜单中选择"插入关键帧"命令，即可插入一个关键帧。

③ 创建空白关键帧

空白关键帧是一种特殊的关键帧，不包含任何实例内容。当用户在舞台中自行加入对象后，该帧将自动转换为关键帧。相反，当用户将关键帧中的对象全部删除后，该帧又会自动转换为空白关键帧。

（2）选择帧

选择帧是对帧进行操作的前提。选择相应操作的帧后，也就选择了该帧在舞台中的对象。在 Flash CS6 动画制作过程中，可以选择同一图层中的单帧或多帧，也可以选择不同图层的单帧或多帧，选中的帧会以蓝色背景显示。选择帧的方法有如下 5 种。

① 选择同一图层中的单帧

在时间轴面板右侧的时间线上单击，即可选中单帧，如图 1-3-3 所示。

图 1-3-3

② 选择同一图层中的相邻多帧

在时间轴面板右侧的时间线上单击，选择单帧，然后在按住 Shift 键的同时再次单击某帧，即可选中两帧之间所有的帧，如图 1-3-4 所示。

图 1-3-4

③ 选择相邻图层的单帧

选择时间轴面板上的单帧后，在按住 Shift 键的同时单击不同图层的相同单帧，即可选择这些图层的同一帧，如图 1-3-5 所示。此外，在选择单帧的同时向上或向下拖曳，同样可以选择相邻图层的单帧。

图 1-3-5

④ 选择相邻图层的多个相邻帧

选择时间轴面板上的单帧后，按住 Shift 键的同时单击相邻图层的不同帧，即可选择不同图层的多个相邻多帧，如图 1-3-6 所示。在选择多帧的同时向上或向下拖曳，同样可以选择相邻图层的相邻多帧。

图 1-3-6

⑤ 选择不相邻的多帧

在时间轴面板右侧时间线上单击，选择单帧，然后按住 Ctrl 键的同时依次单击其他不相邻的帧，即可选中多个不相邻的帧，如图 1-3-7 所示。

图 1-3-7

（3）复制帧、剪切帧和粘贴帧

Flash CS6 中不仅可以复制、剪切和粘贴舞台中的动画对象，还可以复制、剪切和粘贴图层中的动画帧，这样就可以将一个图层中的动画复制到多个图层中，或复制到不同的文档中，从而节省时间和提高工作效率。

复制帧是指将选择的各帧复制到剪贴板中，用于备用。对帧进行复制后，原来的帧仍然存在。复制帧的方法有如下两种。

方法一：选择要复制的帧，执行"编辑"→"时间轴"→"复制帧"命令，或者按 Ctrl+Alt+C 组合键，即可复制所选择的帧。

方法二：选择要复制的帧，在时间轴面板上单击鼠标右键，在弹出的快捷菜单中选择"复制帧"命令，即可复制所选择的帧。

剪切帧是指将选择的各帧复制到剪贴板中，用于备用。与复制帧不同的是，剪切后原来的帧不见了。剪切帧的方法有如下两种。

方法一：选择要剪切的帧，执行"编辑"→"时间轴"→"剪切帧"命令，或者按 Ctrl+Alt+X 组合键，即可剪切所选择的帧。

方法二：选择要剪切的帧，在时间轴面板上单击鼠标右键，在弹出的快捷菜单中选择"剪切帧"命令，即可剪切所选择的帧。

粘帖帧是指将复制或剪切的帧进行粘贴操作。粘贴帧的方法有如下两种。

方法一：将鼠标指针置于时间轴面板上需要粘贴帧处，然后执行"编辑"→"时间轴"→"粘贴帧"命令，或者按 Ctrl+Alt+V 组合键，即可将复制或剪切的帧粘贴到此处。

方法二：将鼠标指针放置在时间轴面板上需要粘贴帧处，然后单击鼠标右键，在弹出的快捷菜单中选择"粘贴帧"命令，即可将复制或剪切的帧粘贴到此处。

（4）翻转帧

翻转帧指的是将一些连续帧的头尾进行翻转，也就是把第一帧与最后一帧翻转，第二帧与倒数第二帧翻转，依此类推，直到将所有帧都翻转过为止。翻转帧只对连续的帧起作用，对于单帧是不起作用的。翻转帧的方法有如下两种。

方法一：选择一些连续的帧，然后执行"修改"→"时间轴"→"翻转帧"命令。

方法二：选择一些连续的帧，在时间轴面板上单击鼠标右键，在弹出的快捷菜单中选择"翻转帧"命令。

（5）移动帧

移动帧的操作方法如下：选择要移动的帧，按住鼠标左键将它们拖放至合适的位置后释放鼠标即可。

（6）删除帧

在制作 Flash 动画的过程中，难免会出现错误。如果出现错误或有多余的帧，就需要将其删除。删除帧的方法有如下两种。

方法一：选择要删除的帧，单击鼠标右键，在弹出的快捷菜单中选择"删除帧"命令。

方法二：选择要删除的帧，按 Shift+F5 组合键。

1.3.2 图层的应用

Flash 中，图层就好比很多张透明的纸，用户在这些纸上画画，然后按一定的顺序将它们叠加起来，就可形成一幅动画。各图层之间可以独立地进行操作，不会影响到其他的图层。

Flash CS6 中，图层位于时间轴的左侧，如图 1-3-8 所示。

图 1-3-8

1. 创建图层与图层文件夹

（1）通过按钮创建

单击图层区域中的"新建图层"按钮 ，可以新建一个图层，如图 1-3-9 所示。单击"新建文件夹"按钮 ，可以新建一个图层文件夹，如图 1-3-10 所示。

图 1-3-9

图 1-3-10

（2）通过菜单创建

执行"插入"→"时间轴"→"图层"或"图层文件夹"命令，同样可以新建一个图层或图层文件夹。

（3）通过右键菜单创建

在时间轴面板左侧的图层处单击鼠标右键，在弹出的快捷菜单中选择"插入图层"或"插入文件夹"命令，也可新建一个图层或图层文件夹，如图 1-3-11 所示。

2. 重命名图层与图层文件夹

新建图层或图层文件夹之后，系统会默认其名称为"图层1"、"图层2"……"文件夹1"、"文件夹2"……为了方便管理，用户可以根据自己的需要重新命名它们。方法如下：双击某一图层，使其进入编辑状态，输入图层的名字即可。也可以在图层上单击鼠标右键，在弹出的快捷菜单中选择"属性"命令，在打开的"图层属性"对话框（如图1-3-12所示）中输入图层名字。

图 1-3-11

图 1-3-12

3. 选择图层与图层文件夹

在对某一图层进行操作前，必须先选择它。选择图层及图层文件夹的方法相同，下面以图层为例进行介绍。

（1）选择单个图层

直接使用鼠标单击图层，即可选中该图层。

（2）选择多个连续的图层

单击选择一个图层，然后按住 Shift 键的同时单击另一图层，即可选中两个图层之间的所有图层，如图 1-3-13 所示。

（3）选择多个不连续的图层

单击选择一个图层，然后按住 Ctrl 键的同时依次单击其他需要选择的图层，即可选择多个不连续的图层，如图 1-3-14 所示。

图 1-3-13

图 1-3-14

4. 调整图层与图层文件夹的顺序

在 Flash CS6 中建立图层时，系统会按自下向上的顺序依次添加图层或图层文件夹。但在制作动画时，用户可以根据需要调整图层的顺序，方法如下：选择要更改顺序的图层，按住鼠标左键上下拖动，移动到合适的位置后释放鼠标即可。

5. 显示或隐藏图层

（1）显示或隐藏全部图层

默认情况下，所有图层都是显示的。单击图层控制区第一行中的👁图标，可隐藏所有图层（此时所有图层后都将出现✕标记）。再次单击👁图标可显示所有图层，如图 1-3-15 所示。

图 1-3-15

（2）显示或隐藏单个图层

单击某图层内👁图标下方的•图标，使之变为✕，表示已隐藏该图层。如果想显示该图层，再次单击使✕变为•即可。

（3）显示或隐藏连续多个图层

单击某图层内👁图标下方的•图标，使之变为✕，然后按住鼠标左键不放垂直拖动至某图层后释放鼠标，即可隐藏鼠标所经过的所有图层。

6. 锁定与解锁图层

在编辑窗口中修改单个图层中的对象时，若要在其他图层显示状态下对其进行修改，可先将其他图层锁定，然后再选定需要修改的对象进行修改。

锁定与解锁图层的方法和显示与隐藏图层方法相似。新创建的图层处于解锁状态。

（1）锁定或解锁所有图层

单击图层控制区第一行的🔒图标，可锁定所有图层。再次单击🔒图标，可解锁所有图层。

（2）锁定或解锁单个图层

单击某图层内🔒图标下方的 • 图标，使之变为🔒，表示已锁定该图层。如果想取消锁定，再次单击使🔒变为 • 即可解锁。

7 图层与图层文件夹对象轮廓显示

系统默认创建的动画为实体显示状态，如果想使图层或图层文件夹中的对象呈轮廓显示，方法如下。

（1）将全部图层显示为轮廓

单击图层控制区第一行的□图标，可将所有图层与图层文件夹中的对象显示为轮廓。

（2）单个图层的对象轮廓显示

单击某图层右边的□图标，当其显示为■时，表示将当前图层的对象显示为轮廓。

8 删除图层与图层文件夹

在 Flash 制作过程中，若发现某个图层或图层文件夹无任何意义，可将其删除。

方法一：选择不需要的图层，然后单击图层区域中的🗑图标，即可删除该图层。

方法二：将光标移动到需要删除的图层上方，按住鼠标左键不放，将其拖动到🗑图标上，释放鼠标，即可删除该图层。

1.3.3 元件的使用

元件是一种可重复使用的对象，且重复使用时不会增加文件的大小。一个元件被重新编辑后，应用该元件的所有实例都会被相应地更新。

1 元件类型

（1）图形元件🖼，可以是矢量图形、图像、声音或动画等。通常用来制作电影中的静态图像，不具有交互性。声音元件是图形元件中的一种特殊元件，有自己特殊的图标。

（2）影片剪辑元件🎬，是主影片中的一段影片剪辑，用来制作独立于主影片时间轴的动画。该元件可以包括交互性控制、声音甚至其他影片剪辑实例，也可以将影片剪辑元件放在按钮元件的时间轴内，以创建动画按钮。

（3）按钮元件🖱，用于创建交互式按钮。按钮有不同的状态，每种状态都可以通过图形、元件及声音来定义。一旦创建了按钮，就可以为其影片或影片片断中的实例赋予动作。

2. 创建元件

执行"插入"→"新建元件"命令或单击"库"面板中的"新建元件"按钮 ，弹出"创建新元件"对话框，如图 1-3-16 所示。在"类型"下拉列表框中选择元件类型，在"名称"文本框中输入元件名称，单击"确定"按钮即可创建一个空白元件。

图 1-3-16

3. 编辑元件

创建了若干个元件实例后，可能需要修改。元件经过编辑后，Flash CS6 会自动更新影片中所有由该元件生成的实例。编辑元件的方法有如下 3 种。

（1）右键单击要编辑的对象，从弹出的快捷菜单中选择"在当前位置编辑"命令，即可在当前工作区中编辑元件。此时，其他对象以灰显方式出现，从而与正在编辑的元件区别开。所编辑元件的名称显示在工作区上方的编辑栏内，位于当前场景名称的右侧。

（2）右键单击要编辑的对象，从弹出的快捷菜单中选择"在新窗口中编辑"命令，即可在一个单独的窗口中编辑元件。此时，编辑窗口中可以看到元件和主时间轴，所编辑元件的名称显示在工作区上方的编辑栏内。

（3）双击工作区中的元件，进入其编辑模式。此时，所编辑元件的名称会显示在工作区上方的编辑栏内，且位于当前场景名称的右侧。

1.3.4　库资源的使用

1. 库的分类

制作动画时，有些对象会在舞台中多处出现。如果每个对象都分别制作一次，将会既费时费力又增大了动画文件。因此 Flash CS6 中设置了库，用来存放各种元件。库有两种，一种是用户库，也叫"库"面板，用来存放用户在制作动画过程中创建的元件，如图 1-3-17 所示。另一种是 Flash CS6 提供的公用库，用来存放系统提供的元件，公用库中的元件分为声音、按钮和类 3 类，可通过"窗口"→"公用库"命令调用。例如，执行"窗口"→"公用库"→"声音"命令，可以打开"库 -SOUNDS.FLA"面板，如图 1-3-18 所示，从中可以选择一些 Flash 动画中经常用到的声效，如人声、动物声、环境声等。

图 1-3-17　　　　　　　　　　　　图 1-3-18

2. "库"面板

- 右键菜单：单击该处，可以弹出一个用于各项操作的右键菜单。

- 打开的文档：单击该处，可以显示当前打开的所有文档，通过选择可以快速查看所选择文档的"库"面板。

- "固定当前库"按钮：单击该按钮，原来的 图标变为 图标，从而固定当前"库"面板。在文件切换时都会显示固定库的内容，而不会更新切换文件的"库"面板内容。

- "新建库面板"按钮：单击该按钮，可以创建一个与当前文档相同的"库"面板。

- 预览窗口：用于预览显示当前在"库"面板中所选的元素。

- "搜索"文本框：通过在此处输入要搜索的关键字可进行元件名称的搜索，从而达到快速查找元件的目的。

- "新建元件"按钮：单击该按钮，会弹出"创建新元件"对话框（如图 1-3-16 所示）。通过此框可以新建元件。

- "新建文件夹"按钮：单击该按钮，可以创建新的文件夹。

- "属性"按钮：单击该按钮，可以在如图 1-3-19 所示的对话框中设置元件属性。

图 1-3-19

项 **2** 目
PROJECT

Flash CS6 基础动画制作

本项目将通过 5 个典型实例讲解 Flash 中几种常见的动画类型。其中，有 3 种最基本的动画表现形式，即逐帧动画、传统补间动画和形状补间动画。几乎所有的 Flash 动画都可以通过这 3 种方法制作完成。

2.1 任务 1——逐帧动画的制作

逐帧动画是把每个画面的运动过程附加在各个帧上，当影片快速播放的时候，利用人的视觉残留现象，形成流畅的动画效果。对于逐帧动画中的每个画面（即单帧画面），都需要单独进行制作与设计，虽然制作单帧画面的过程比较麻烦，但是逐帧动画所形成的动画效果比较优美、细腻和灵活。

2.1.1 实例效果预览

本节实例效果如图 2-1-1 所示。

图 2-1-1

2.1.2　技能应用分析

1．导入素材及整合场景。

2．创建影片剪辑元件，制作马跑逐帧动画。

3．创建传统补间，制作出马从左跑到右的运动画面。

4．通过修改元件的大小、透明度、色调等属性，制作马的影子。

2.1.3　制作步骤解析

（1）创建文档。选择"文件"→"新建"命令，在弹出的"新建文档"对话框中选择"Flash 文件（Action Script 3.0）"选项，单击"确定"按钮创建一个新的空白文档，文档的属性为默认值，如图 2-1-2 所示。

图 2-1-2

（2）保存文档。选择"文件"→"保存"命令，弹出"另存为"对话框，在"文件名"文本框中输入"骏马奔跑"，然后单击"保存"按钮，如图 2-1-3 所示。

（3）导入素材。选择"文件"→"导入"→"导入到库"命令，在弹出的"导入到库"对话框中选择素材文件夹中的"马 1.png"～"马 8.png"、"背景 .psd"，然后单击"确定"按钮，把所有图片素材导入到"库"面板中，如图 2-1-4 所示。

图 2-1-3

图 2-1-4

（4）创建图层并为图层命名。在主场景的时间轴面板中，连续单击 3 次"插入图层"按钮，创建 3 个新的图层，如图 2-1-5 所示。分别双击图层的名称并分别命名为"树"、"马跑动画"、"马跑动画阴影"和"背景"，如图 2-1-6 所示。

图 2-1-5　　　　　　　　　　　　　　图 2-1-6

（5）单击"背景"图层，然后在"库"面板中选择"背景"元件并拖入主场景中，如图 2-1-7 所示。按 Ctrl+K 组合键，打开"对齐"面板，依次单击"相对于舞台"、"水平中齐"和"垂直中齐"按钮，如图 2-1-8 所示，使背景图片位于整个场景的正中心位置。

图 2-1-7　　　　　　　　　　　　　　图 2-1-8

（6）使用相同方法，把"库"面板中的"树"元件拖入"树"图层，并调整其位置至场景的左下方，如图 2-1-9 所示。

图 2-1-9

（7）选择"插入"→"新建元件"命令，在弹出的"创建新元件"对话框中，设置"名称"为"马跑动画"，"类型"为"影片剪辑"，如图 2-1-10 所示。单击"确定"按钮，即可创建一个新的"马跑动画"影片剪辑元件，如图 2-1-11 所示。

（8）在"马跑动画"影片剪辑元件场景的"图层 1"中，利用选择工具选择 8 个帧，再按 F7 键插入 8 个空白关键帧，如图 2-1-12 所示。

图 2-1-10　　　　　　　　图 2-1-11　　　　　　　　图 2-1-12

（9）在"图层 1"中单击第 1 帧，从"库"面板中将"马 1.png"拖动到主场景中，使用相同的方法把"马 2.png"～"马 8.png"分别拖入第 2 ～ 8 帧的场景中，如图 2-1-13 所示。

图 2-1-13

（10）调整素材图片的位置。在"马跑动画"影片剪辑元件的"图层 1"中，单击第 1 帧上的图片，按 Ctrl+K 组合键，打开"对齐"面板，依次单击"相对于舞台"、"水平中齐"和"底对齐"按钮，使该帧上的图片完全底部对齐，如图 2-1-14 所示。使用相同的方法，把第 2 ～ 8 帧中的图片也设置为完全底部对齐。

（11）按 Enter 键播放当前时间轴上的动画，则这 8 帧上的图片会按照当前帧的顺序自动进行连续播放，形成骏马奔跑的逐帧动画效果。

（12）拖动"马跑动画"剪辑元件到主场景。单击工作区中的"场景 1"按钮，切换到主场景，单击"马跑动画"图层的第 1 帧，从"库"面板中拖动"马跑动画"影片剪辑元件到舞台中，然后利用选择工具将其放置在场景的左下角位置，如图 2-1-15 所示。

图 2-1-14

图 2-1-15

（13）在主场景中制作"马跑动画"效果。单击"马跑动画"图层的第 50 帧，按
F6 键插入关键帧，利用选择工具移动"马跑动画"剪辑元件到主场景的右下角位置，
如图 2-1-16 所示。

图 2-1-16

（14）在"马跑动画"图层的第 1 ～ 50 帧之间的任意帧上单击鼠标右键，在弹出的快捷菜单中选择"创建传统补间"命令，如图 2-1-17 所示。然后分别单击"树"图层、"背景"图层的第 50 帧位置，按 F5 键插入帧，如图 2-1-18 所示。

图 2-1-17

图 2-1-18

（15）制作"马跑动画阴影"效果。在主场景中单击"马跑动画阴影"图层的第 1 帧，从"库"面板中将"马跑动画"影片剪辑元件拖入并放置到场景的左下角位置，然后单击任意变形工具，移动控制中心点到变形框底部，再按 Ctrl+T 组合键，打开"变形"面板，设置纵向缩放为 30%、水平倾斜角度为 −60°，如图 2-1-19 所示。

图 2-1-19

（16）调整亮度并制作阴影动画。选择"马跑动画"剪辑元件，在"属性"面板的"色彩效果"选项中设置"样式"为 Alpha，其值为 40%，如图 2-1-20 所示；再选择"样式"为"色调"，参数设置如图 2-1-21 所示。

图 2-1-20　　　　　　　　图 2-1-21

（17）单击"马跑动画阴影"图层的第 50 帧，按 F6 键插入关键帧，利用选择工具移动"马跑动画"剪辑元件到场景的右下角，如图 2-1-22 所示。

图 2-1-22

（18）在"马跑动画阴影"图层的第 1 ～ 50 帧之间任意位置单击鼠标右键，在弹出的快捷菜单中选择"创建传统补间"命令，完成后的时间轴效果如图 2-1-23 所示。

图 2-1-23

（19）按 Ctrl+S 组合键保存当前的文档，然后选择"控制"→"测试影片"命令或按 Ctrl+Enter 组合键测试动画的最终效果。

2.1.4 知识点总结

本实例主要介绍了元件的创建方法与逐帧动画的制作过程。Flash 中，元件分为 3 类，分别是影片剪辑、按钮和图形。影片剪辑元件本身就是一个小动画，其播放不受主时间轴的影响；按钮元件的作用与网页中的超链接类似，用于实现用户的单击响应动作；图形元件也是一个小型动画，但其播放与主时间轴是同步的。因此，在制作马的逐帧动画时要创建的是影片剪辑元件。

逐帧动画是一种常见的动画形式，其原理是在连续的关键帧中分解动画动作，也就是在时间轴上逐帧绘制不同的内容，使其连续播放从而形成动画。逐帧动画的帧序列内容不一样，因此制作成本非常高，且最终输出的文件很大。但其优势也很明显，逐帧动画具有非常大的灵活性，几乎可以表现任何想表现的内容，类似于电影的播放模式，很适合于那些需要表现细腻的动画，如人物或动物的转身、头发及衣服的飘动、走路、说话以及精致的 3D 效果等。

在"马跑动画"影片剪辑元件中制作马跑的逐帧动画时，一定要将不同帧上的奔马图片进行对齐，这样才能保证马奔跑的效果比较流畅。

2.2 任务 2——形状变形动画的制作

形状变形动画是矢量文字或矢量图形通过形态变形后形成的动画。在 Flash 软件中输入的文字，必须先按 Ctrl+B 组合键将其彻底打散，而后才能进行形状变形；而在 Flash 软件中绘制的图形，由于其本身就是矢量图形，因此可以直接进行形状变形。

2.2.1 实例效果预览

本节实例效果如图 2-2-1 所示。

图 2-2-1

2.2.2　技能应用分析

1．运用形状补间动画制作出红色背景弹出的动画效果。

2．运用动作补间动画制作出家居的渐现效果。

3．运用动作补间动画制作出文字动画。

2.2.3　制作步骤解析

（1）创建文档。选择"文件"→"新建"命令，打开"新建文档"对话框，选择"Flash 文件（ActionScript 3.0）"选项，单击"确定"按钮创建一个新的空白文档。

（2）在"属性"面板中单击"大小"后面的"编辑"按钮，如图 2-2-2 所示，打开"文档属性"对话框，设置文档大小为"630×480 像素"，舞台背景颜色为灰色（#E3DED1），如图 2-2-3 所示。

图 2-2-2　　　　　　　　　　　　　图 2-2-3

（3）单击时间轴面板中"图层 1"的第 1 帧，选择"文件"→"导入"→"导入到舞台"命令，打开"导入"对话框，选择素材文件 bian.png，单击"打开"按钮，如图 2-2-4 所示，将素材文件导入到舞台，导入后的效果如图 2-2-5 所示。

图 2-2-4　　　　　　　　　　　　　图 2-2-5

（4）选择"修改"→"转换为元件"命令，打开"转换为元件"对话框。单击"确定"按钮，创建一个"名称"为"元件 1"、"类型"为"图形"的元件，如图 2-2-6 所示。

图 2-2-6

（5）单击"图层 1"的第 20 帧，按 F6 键插入一个关键帧。单击"图层 1"的第 1 帧，用选择工具选中"元件 1"实例，在"属性"面板中设置其"色彩效果"的 Alpha 属性值为 0%，如图 2-2-7 所示。

（6）在"图层 1"的第 1 ~ 20 帧之间任意位置单击鼠标右键，在弹出的快捷菜单中选择"创建传统补间"命令。然后单击"图层 1"的第 100 帧，按 F5 键插入一个空白帧。

（7）在时间轴面板上单击"新建图层"按钮 □，新建"图层 2"，并将其拖到"图层 1"的下方。单击"图层 2"的第 20 帧，按 F6 键插入关键帧，选择"文件"→"导入"→"导入到舞台"命令，将素材文件 jiaju.jpg 导入到舞台，选择任意变形工具将图片缩小至合适大小，按 Ctrl+K 组合键，打开"对齐"面板，将图片基于舞台进行对齐，如图 2-2-8 所示。

图 2-2-7　　　　　　　　　　　　　　图 2-2-8

（8）使用选择工具选中"图层 2"第 20 帧处的图片，选择"修改"→"转换为元件"命令，将图片转换为名称为"元件 2"的图形元件。单击"图层 2"的第 40 帧，按 F6 键，插入关键帧，选择"图层 2"的第 20 帧，在"属性"面板中设置色彩效果的 Alpha 值为 0%。

（9）在"图层 2"的第 20 ~ 40 帧之间的任意一帧处单击鼠标右键，在弹出的快捷菜单中选择"创建传统补间"命令，创建动画。单击第 100 帧，按 F5 键，插入空白关键帧。

（10）在"图层 2"上方新建"图层 3"，单击"图层 3"的第 40 帧，按 F6 键插入关键帧，选择矩形工具，将笔触设置为透明，填充颜色设置为红色，Alpha 值设置为 90%，绘制一个矩形，使用选择工具将矩形的右侧边缘进行变形，如图 2-2-9 所示。

图 2-2-9

（11）单击"图层 3"的第 50 帧，按 F6 键插入关键帧，使用选择工具将红色图形向右边移动，并对其边缘进行变形，然后使用任意变形工具将形状拉宽，如图 2-2-10 所示。

（12）单击"图层 3"的第 55 帧，按 F6 键插入关键帧，使用选择工具和任意变形工具对红色图形进行变形，如图 2-2-11 所示。

图 2-2-10

图 2-2-11

（13）单击"图层 3"的第 70 帧，按 F6 键插入关键帧，使用选择工具和任意变形工具对红色图形进行变形，如图 2-2-12 所示。

图 2-2-12

（14）分别单击"图层 3"的第 76 帧、第 82 帧和第 88 帧，对红色图形进行变形，如

图 2-2-13 所示。

图 2-2-13

（15）单击"图层 3"的第 100 帧，按 F5 键插入空白关键帧。
在"图层 3"的第 40～50 帧之间任意一帧处单击鼠标右键，在
弹出的快捷菜单中选择"创建补间形状"命令（如图 2-2-14 所
示），创建一个形状补间动画。

图 2-2-14

（16）同样的方法，在"图层 3"的第 50～55 帧、第 70～76 帧、第 76～82 帧和
第 82～88 帧之间分别创建补间形状，创建完成后的时间轴面板如图 2-2-15 所示。

图 2-2-15

（17）在"图层 3"上方新建"图层 4"，单击"图层 4"的第 55 帧，按 F5 键插入空
白关键帧，选择文字工具，输入"经"字，在"属性"面板中设置文字属性，如图 2-2-16
所示。

图 2-2-16

（18）选择"修改"→"转换为元件"命令，将文字转换为名称为"元件 3"的图形
元件。单击"图层 4"的第 70 帧，按 F6 键插入关键帧，使用选择工具将文字向右移动一
点，使其处在红色图形的水平居中位置。

（19）单击第 55 帧，选择文字对象，在"属性"面板中将"色彩效果"选项中的 Alpha 值设置为 0%。

（20）右键单击第 55 ～ 70 帧之间的任意一帧，在弹出的快捷菜单中选择"创建传统补间"命令。

（21）在"图层 4"上方新建"图层 5"，使用同样的方法制作文字"典"的动画，如图 2-2-17 所示。此时的时间轴面板如图 2-2-18 所示。

图 2-2-17

图 2-2-18

（22）在"图层 5"上方新建"图层 6"，选择"文件"→"导入"→"导入到库"命令，将素材文件 xuehua.swf 导入到"库"面板，单击"图层 6"的第 55 帧，按 F5 键插入空白关键帧，将"库"面板中的 xuehua.swf 文件向舞台中拖动 3 次，并调整其大小与位置，如图 2-2-19 所示。

图 2-2-19

（23）单击"图层 6"的第 70 帧，按 F6 键插入关键帧。单击第 55 帧，选择雪花对象，在"属性"面板中，将雪花的 Alpha 属性设置为 0%。在"图层 6"的第 55 ～ 70 帧之间任意一帧处单击鼠标右键，在弹出的快捷菜单中选择"创建传统补间"命令。此时的时间轴面板如图 2-2-20 所示。

图 2-2-20

（24）按 Ctrl+Enter 组合键测试影片，测试完成后按 Ctrl+S 组合键保存文件。

2.2.4　知识点总结

本实例中红色背景的弹出效果是通过形状补间动画制作的。在制作形状补间动画时，动画对象必须是可编辑的图形。其他类型的对象如元件的实例、文字、位图等，则是不可编辑的。使用这些对象制作形状补间动画时，可以通过"修改分离"命令将对象先打散为可编辑的图形。

制作形状补间动画时，必须具备以下条件。

- 在一个形状补间动画中至少有两个关键帧。
- 这两个关键帧中的对象必须是可编辑的图形。
- 这两个关键帧中的图形，必须有一些变化，否则制作的动画将没有动的效果。

当创建了形状补间动画后，在两个关键帧之间会有一个浅绿色背景的实线箭头，如图 2-2-21 所示，表示该形状补间动画创建成功。如果两个关键帧之间是一条虚线，如图 2-2-22 所示，则说明形状补间动画没有创建成功，原因可能是动画对象不是可编辑的图形。此时，需要先将其转化为可编辑的图形。

图 2-2-21　　　　　　　　　　　　　　　　图 2-2-22

2.3　任务 3——补间动画的制作

补间动画是指物体通过位置移动、旋转、缩放等一系列变换过程形成的动画。该动画可以真实地记录下物体的各种变换状态。

2.3.1　实例效果预览

本节实例效果如图 2-3-1 所示。

图 2-3-1

2.3.2　技能应用分析

1．使用传统补间动画制作背景的渐变效果。

2．使用遮罩动画制作小路的动画效果。

3．通过修改元件实例的属性，制作树、人物等的传统补间动画效果。

2.3.3　制作步骤解析

（1）创建一个新文档，在舞台中单击鼠标右键，在弹出的快捷菜单中选择"文档属性"命令，打开"文档属性"对话框，设置宽为 579 像素，高为 354 像素，背景颜色为白色，帧频为 35fps。

（2）选择"文件"→"导入"→"导入到舞台"命令，将素材文件 bg.swf 导入到舞台中，如图 2-3-2 所示。

（3）选择文件 bg.swf，执行"修改"→"转换为元件"命令，打开"转换为元件"对话框，在"名称"文本框中输入"背景"，在"类型"下拉列表框中选择"图形"选项，如图 2-3-3 所示。

图 2-3-2

图 2-3-3

（4）单击"确定"按钮，将 bg.swf 转换为名称为"背景"的图形元件，同时保存到"库"面板中，如图 2-3-4 所示。

（5）在"图层 1"的第 15 帧处单击鼠标右键，在弹出的快捷菜单中选择"插入关键帧"命令，然后选择第 1 帧处的"背景"元件，在"属性"面板中设置参数，对其大小进行调整，如图 2-3-5 所示。

图 2-3-4   图 2-3-5

（6）选择"图层 1"第 1 ~ 15 帧之间的任意一帧，单击鼠标右键，在弹出的快捷菜单中选择"创建补间动画"命令，创建出动作补间动画。

（7）选择"图层 1"第 1 帧处的"背景"元件，在"属性"面板中展开"色彩效果"选项，在"样式"下拉列表框中选择"Alpha"选项，如图 2-3-6 所示，然后将其值设置为 0%，如图 2-3-7 所示。

图 2-3-6   图 2-3-7

（8）选择"图层 1"的第 120 帧，按 F5 键插入帧，让动画的播放时间为 120 帧。

（9）单击"新建图层"按钮，在"图层 1"之上创建一个新图层，名称为"图层 2"，如图 2-3-8 所示。

（10）选择"图层 2"，执行"文件"→"导入"→"导入到舞台"命令，将素材文件 bg2.swf 导入到舞台中，如图 2-3-9 所示。

（11）选择文件 bg2.swf，执行"修改"→"转换为元件"命令，打开"转换为元件"对话框，在"名称"文本框中输入"背景 2"，在"类型"下拉列表框中选择"图形"选项，然后单击"确定"按钮，将 bg2.swf 转换为名称为"背景 2"的图形元件，并保存到"库"面板中。

图 2-3-8　　　　　　　　　　　图 2-3-9

（12）选择"图层 2"第 1 帧处的"背景 2"元件，在"属性"面板中设置参数，如图 2-3-10 所示。

（13）在"图层 2"的第 15 帧处按 F6 键插入关键帧。选择第 1 ～ 15 帧之间的任意一帧，单击鼠标右键，在弹出的快捷菜单中选择"创建补间动画"命令，创建出动作补间动画。此时的时间轴状态如图 2-3-11 所示。

（14）在"图层 2"之上新建一个图层，名称为"图层 3"。

（15）执行"文件"→"导入"→"导入到舞台"命令，将素材文件 lu.swf 导入到舞台中，如图 2-3-12 所示。

（16）选择"图层 3"的第 1 帧，按住鼠标将其向时间轴右侧拖动至第 15 帧处，然后选择导入的 lu.swf 元件，在"属性"面板中设置其参数，如图 2-3-13 所示。

图 2-3-10　　　　　　　　　　　图 2-3-11

图 2-3-12　　　　　　　　　　　图 2-3-13

（17）在"图层3"上新建一个图层，名称为"图层4"，并在其第15帧处按F6键插入关键帧。

（18）使用矩形工具绘制一个矩形，然后选择绘制的矩形，调整其大小，以遮住舞台为宜。

（19）选择绘制的矩形，执行"修改"→"转换为元件"命令，打开"转换为元件"对话框，在"名称"文本框中输入"ball"，在"类型"下拉列表框中选择"图形"选项，将"注册"点设置到中心位置，如图2-3-14所示。

图 2-3-14

（20）单击"确定"按钮，将矩形转换为名称为ball的图形元件，并保存到"库"面板中。

（21）在"图层4"的第33帧处按F6键插入关键帧。

（22）选择"图层4"第15帧中的ball图形元件，按住Alt键的同时使用任意变形工具将其缩小，如图2-3-15所示。

（23）选择"图层4"第15～33帧之间的任意一帧，单击鼠标右键，在弹出的快捷菜单中选择"创建补间动画"命令，创建出动作补间动画。

（24）选择"图层4"并单击鼠标右键，在弹出的快捷菜单中选择"遮罩层"命令（如图2-3-16所示），创建一个遮罩动画。

图 2-3-15　　　　　　　　　　　图 2-3-16

（25）在"图层4"上新建一个图层，名称为"图层5"，并在第33帧处插入关键帧。

（26）执行"文件"→"导入"→"导入到舞台"命令，将素材文件tree1.swf导入到舞台中。

（27）选择文件tree1.swf，执行"修改"→"转换为元件"命令，将其转换为名称为"元件3"的图形元件。

（28）选择"图层 5"第 33 帧处的"元件 3"对象，对其位置和大小进行调整，如图 2-3-17 所示。

（29）在"图层 5"的第 43 帧处按 F6 键插入关键帧，然后选择第 33 ～ 43 帧之间的任意一帧，单击鼠标右键，在弹出的快捷菜单中选择"创建补间动画"命令，创建出动作补间动画。

（30）继续选择"图层 5"第 33 帧处的"元件 3"对象，在"属性"面板的"色彩效果"选项中，设置"样式"为 Alpha，并设置其值为 0%。

（31）按照同样的方法，在"图层 5"上再新建"图层 6"、"图层 7"和"图层 8"，并分别在这 3 个图层的第 37 帧、第 42 帧、第 47 帧处插入关键帧。将素材文件 tree2.swf、tree3.swf 和 tree4.swf 导入到舞台中，然后将它们转换为图形元件"元件 4"、"元件 5"和"元件 6"。以"元件 3"对象为参照物，摆放"元件 4"、"元件 5"和"元件 6"对象，如图 2-3-18 所示。

图 2-3-17　　　　　　　　　　　　　图 2-3-18

（32）按照制作"元件 3"对象的方法，制作其他几棵树的动画，此时的时间轴状态如图 2-3-19 所示。

图 2-3-19

（33）在"图层 8"上新建一个图层，名称为"图层 9"，在第 57 帧处按 F6 键插入关键帧。

（34）将素材文件 women.swf 导入到舞台中，并将其转换为"元件 7"。

（35）选择"图层 9"第 57 帧处的"元件 7"，对其位置进行调整，如图 2-3-20 所示。

（36）在第 66 帧处插入关键帧，然后选择第 57 ～ 66 帧之间的任意一帧，单击鼠标右键，在弹出的快捷菜单中选择"创建传统补间"命令，创建出补间动画。

（37）选择第 57 帧处的"元件 7"对象，在"属性"面板的"色彩效果"选项中设置"样式"为 Alpha，并设置其值为 0%。

（38）在"图层 8"上新建"图层 10"和"图层 11"，并分别在这两个图层的第 66 帧和第 76 帧处插入关键帧。将素材文件 women.swf 和 line.swf 导入到"舞台"中，然后分别转换为图形元件"元件 8"和"元件 9"。

（39）以"元件 7"对象为参照物，摆放"元件 9"和"元件 10"对象，如图 2-3-21 所示。

图 2-3-20   图 2-3-21

（40）按照制作"元件 7"对象的方法，制作出女士和电线杆动画，此时的时间轴状态如图 2-3-22 所示。

图 2-3-22

（41）按 Ctrl+Enter 组合键测试影片，并按 Ctrl+S 组合键保存文件。

2.3.4　知识点总结

动作补间动画是 Flash 中最常使用的一种动画形式，可以制作出对象位移、放大、缩小、变形、色彩、透明度、颜色亮度、旋转等变化的动画效果。

制作动作补间动画时，需要满足以下条件。

（1）在一个动作补间动画中至少要有两个关键帧。

（2）在一个动作补间动画中，两个关键帧中的对象必须是同一个对象。

（3）两个关键帧中的对象必须有一些变化，否则制作的动画将没有动作变化的效果。

成功创建动作补间动画后，两个关键帧之间会形成一个具有浅蓝色背景的实线箭头，如图 2-3-23 所示。如果两个关键帧之间形成的是一条虚线，如图 2-3-24 所示，则说明动作补间动画没有创建成功，原因可能是两个关键帧中的动画对象不是同一个对象，也可能是动画对象的类型不对，需要调整后再重新创建。

图 2-3-23　　　　　　　　　　　　　　　图 2-3-24

2.4　任务 4——遮罩动画的制作

遮罩动画是利用 Flash 的遮罩层功能制作出的动画效果。遮罩层是一种特殊的图层，位于遮罩层下方的图层内容会根据当前遮罩层上的图形及文字内容进行相应的遮罩，从而实现类似于挡板或镂空的效果。

2.4.1　实例效果预览

本节实例效果如图 2-4-1 所示。

图 2-4-1

2.4.2　技能应用分析

1．使用几个图片来制作遮罩动画的背景，bg4 素材用来制作文字的"材质流动"动画效果。

2．制作"遮罩"、"百叶窗遮罩"和"材质流动"3 个影片剪辑元件。其中，"百叶窗遮罩"元件是通过"遮罩"剪辑元件制作的。

2.4.3　制作步骤解析

（1）创建并保存文档。选择"文件"→"新建"命令，打开"新建文档"对话框，选择"Flash 文件（ActionScript 3.0）"选项，单击"确定"按钮创建一个新的空白文档。设置文档的尺寸大小为 536×372 像素。接着选择"文件"→"保存"命令，打开"另存为"对话框，设置文件名称为"百叶窗遮罩动画"，然后单击"保存"按钮。

（2）选择"文件"→"导入"→"导入到库"命令，在弹出的"导入到库"对话框中选择 5 张素材图片，单击"确定"按钮，把图片素材全部导入到"库"面板中。

（3）选择"插入"→"新建元件"命令，打开"创建新元件"对话框，设置元件"名称"为"遮罩"，"类型"为"影片剪辑"，单击"确定"按钮，创建一个"遮罩"影片剪辑元件。

（4）在"遮罩"影片剪辑元件的编辑场景中，使用矩形工具绘制一个矩形，在"属性"面板中设置笔触颜色为"无"，填充色为"黑色"，宽为 580，高为 49，如图 2-4-2 所示。

图 2-4-2

（5）单击"图层 1"的第 25 帧，按 F6 键插入关键帧，使用任意变形工具将"遮罩"元件等比例进行缩小，如图 2-4-3 所示。

图 2-4-3

（6）在"图层 1"的第 1 帧上单击鼠标右键，在弹出的快捷菜单中选择"创建补间形状"命令，创建形状补间动画。在"图层 1"的第 30 帧处按 F5 键插入帧，如图 2-4-4 所示。

图 2-4-4

（7）选择"插入"→"新建元件"命令，打开"创建新元件"对话框，设置元件的"名称"为"百叶窗遮罩"，"类型"为"影片剪辑"，单击"确定"按钮。

（8）在新建的"百叶窗遮罩"影片剪辑元件编辑场景中，单击"图层 1"的第 1 帧，然后在"库"面板中拖动"遮罩"元件到当前的影片剪辑元件场景中，并在"属性"面板中定义其 X 坐标值为 0 像素，Y 坐标值为 -356.0 像素，如图 2-4-5 所示。

（9）选择"遮罩"元件，按住 Alt 键，在垂直方向上复制出 15 个相同的"遮罩"元件，形成百叶窗遮罩效果，如图 2-4-6 所示。

（10）选择所有已复制好的"遮罩"元件，打开"对齐"面板，依次单击"水平中齐"和"垂直平均间隔"按钮，完成后的效果如图 2-4-7 所示。

图 2-4-5

图 2-4-6

图 2-4-7

（11）选择"插入"→"新建元件"命令，在弹出的"创建新元件"对话框中，设置元件名称为"材质流动"，类型为"影片剪辑"，单击"确定"按钮。

（12）在"材质流动"剪辑场景中，连续单击两次"插入图层"按钮，创建两个新的图层，并分别命名为"图片"和"文本"。单击"文本"图层的第 1 帧，使用文本工具在当前场景中输入"济源职业技术学院风光"文字，并打开"属性"面板，设置字体为"方正舒体"，字体大小为 28，颜色为"黑色"。最后，在"文本"图层的第 60 帧处按 F5 键插入帧。

（13）单击"图片"图层的第 1 帧，从"库"面板中将"bg4"图片拖入场景中，按 Ctrl+K 组合键，打开"对齐"面板，单击"相对于舞台"、"水平中齐"和"垂直中齐"按钮，并移动"文本"至图片的最底端位置，如图 2-4-8 所示。

（14）在"图片"图层的第 60 帧处按 F6 键插入关键帧，并在场景中用选择工具移动图片至最右边，如图 2-4-9 所示。

图 2-4-8

图 2-4-9

（15）在"图片"图层第 1 ～ 60 帧之间任意一帧上单击鼠标右键，在弹出的快捷菜单中选择"创建传统补间"命令，创建补间动画。

（16）选择"文本"图层，单击鼠标右键，在弹出的快捷菜单中选择"遮罩层"命令，创建遮罩，如图 2-4-10 所示。

（17）单击"场景 1"，返回到主场景中。连续单击 7 次"插入图层"按钮，创建 7 个新的图层，并分别命名为 bg3、bg2、"百叶窗遮罩 2"、bg2、bg3、"百叶窗遮罩 1"、bg1 和"材质流动"，如图 2-4-11 所示。

图 2-4-10

（18）单击 bg3 图层的第 30 帧，按 F7 键插入空白关键帧，然后从"库"面板中将 bg3 图片拖入。按 Ctrl+K 组合键，打开"对齐"面板，使 bg3 图片位于整个场景的正中心位置，最后在第 60 帧处按 F5 键插入帧，如图 2-4-12 所示。

图 2-4-11

图 2-4-12

（19）单击 bg2 图层的第 30 帧，按 F7 键插入空白关键帧，然后从"库"面板中将

bg2 图片拖入，并在第 60 帧处按 F5 键插入帧，如图 2-4-13 所示。

（20）单击"百叶窗遮罩 2"图层的第 30 帧，按 F7 键插入空白关键帧，然后从"库"面板中将"百叶窗遮罩"元件拖入。选择任意变形工具，对"百叶窗遮罩"元件进行旋转，如图 2-4-14 所示，最后在第 60 帧处按 F5 键插入帧。

（21）选择 bg2 图层，单击鼠标右键，在弹出的快捷菜单中选择"遮罩层"命令，创建一个遮罩。此时的时间轴状态如图 2-4-15 所示。

图 2-4-13　　　　　　　　　　　　　　　图 2-4-14

（22）在主场景中，分别单击 bg2、bg3 图层的第 1 帧，然后从"库"面板中依次单击 bg2、bg3 图片，将其拖入主场景中，并利用"对齐"面板，使图片位于整个场景的正中心位置，最后在第 30 帧处按 F5 键插入帧。

（23）单击"百叶窗遮罩 1"图层的第 1 帧，从"库"面板中将"百叶窗遮罩"元件拖入，然后按 Ctrl+K 组合键，打开"对齐"面板，依次单击"相对于舞台"、"水平中齐"和"垂直中齐"按钮，使"百叶窗遮罩"元件位于场景的正中心位置，最后在第 30 帧处按 F5 键插入帧，如图 2-4-16 所示。

图 2-4-15　　　　　　　　　　　　　　　图 2-4-16

（24）选择"百叶窗遮罩 1"图层，单击鼠标右键，在弹出的快捷菜单中选择"遮罩层"命令，创建遮罩后的时间轴状态如图 2-4-17 所示。

（25）单击 bg1 图层，从"库"面板中将 bg1 图片、"小草"图片拖入主场景中，并保证 bg1 图片位于整个场景的正中心位置，然后在第 60 帧处按 F5 键插入帧，如图 2-4-18 所示。

| 图 2-4-17 | 图 2-4-18 |

（26）单击"材质流动"图层，从"库"面板中将"材质流动"影片剪辑元件拖入场景中 bg1 图片最底端的中心位置，如图 2-4-19 所示。在"材质流动"图层的第 60 帧处按 F5 键插入帧，如图 2-4-20 所示。至此，动画制作完成。

| 图 2-4-19 | 图 2-4-20 |

（27）按 Ctrl+S 组合键保存当前文档，然后按 Ctrl+Enter 组合键测试动画。

2.4.4 知识点总结

遮罩动画需要具备两个图层，一个是遮罩层，另一个是被遮罩层，遮罩层在上方，被遮罩层在下方，遮罩层就像是一个镂空的图层，镂空的形状就是遮罩层中的动画对象形状，在这个镂空的位置可以显示出被遮罩层的对象，如图 2-4-21 所示。

图 2-4-21

从图 2-4-21 中可以看出，当图层中的图形作为一个遮罩层时，在被遮罩层中只可以显示出遮罩层中图形所在位置的图形。在遮罩层与被遮罩层中不仅可以显示图形，还可以显示动画。当遮罩层或被遮罩层是动画时，此时的动画就会显示的一种特殊的遮罩效果。

2.5　任务 5——引导动画的制作

引导动画即路径动画，是指物体沿着指定的路径进行位移变换的过程。制作引导动画的过程中，首先需要创建物体元件，并制作成移动动画；然后在该图层上再创建引导层，并在引导层中绘制相应的线条作为元件运动的路径；最后，调整元件的运动起始位置和运动结束位置，使它们分别与路径的两个端点重合。

2.5.1　实例效果预览

本节实例效果如图 2-5-1 所示。

图 2-5-1

2.5.2　技能应用分析

1．利用遮罩层制作出水波效果。

2．使用多个色标放射状渐变填充制作水泡，并使用引导线制作水泡动画。

3．使用引导线制作游鱼动画。

2.5.3　制作步骤解析

（1）新建一个名称为"海底世界"的 Flash 文档，设置舞台工作区的宽度为 450 像素，高度为 300 像素，背景为蓝色。

（2）选择"插入"→"新建元件"命令，创建一个名称为"水波效果"、类形为"影片剪辑"的元件。

（3）将素材文件"海底.bmp"导入到"库"面板中，然后在"水波效果"影片剪辑元件的编辑场景中，选择"图层 1"的第 1 帧，将"海底"元件插入，如图 2-5-2 所示。按 Ctrl+K 组合键，对图片进行居中对齐，并在第 100 帧处按 F5 键插入帧，使其播放时间为 100 帧。

（4）在"图层 1"上新建一个图层，名称为"图层 2"。在"图层 1"的第 1 帧处单击鼠标右键，在弹出的快捷菜单中选择"复制帧"命令，然后在"图层 2"的第 1 帧处单击鼠标右键，在弹出的快捷菜单中选择"粘贴帧"命令，将"图层 1"中的画面粘贴至"图层 2"中。使用移动工具将图片稍微移动一点位置，然后在"图层 2"的第 100 帧处按 F5 键插入帧，使其播放时间为 100 帧。

（5）在"图层 2"上新建"图层 3"，使用矩形工具绘制出若干个小矩形，然后选中所有的矩形，选择"修改"→"转换为元件"命令，将矩形转换为名称为"遮罩矩形"的图形元件，如图 2-5-3 所示。

图 2-5-2   图 2-5-3

（6）在"图层 3"的第 100 帧处按 F6 键插入关键帧，使用移动工具将矩形元件向下移动，位置如图 2-5-4 所示。

（7）右键单击"图层 3"，在弹出的快捷菜单中选择"遮罩层"命令，将"图层 3"设置为遮罩层，如图 2-5-5 所示。至此，"水波效果"影片剪辑元件制作完成。

图 2-5-4   图 2-5-5

（8）制作"气泡"元件。选择"插入"→"新建元件"命令，创建一个名称为"气泡"的图形元件，在工作区中绘制一个无轮廓的圆形，填充为"白色→白色（15%）→白色（5%）→白色（5%）→白色（15%）→白色（92%）"的放射性渐变。"颜色"面板设置如图 2-5-6 所示，绘制的气泡如图 2-5-7 所示。

图 2-5-6　　　　　　　　　图 2-5-7

（9）制作"气泡及引导线"影片剪辑元件。选择"插入"→"新建元件"命令，创建一个名称为"气泡及引导线"的影片剪辑元件，在"图层 1"的第 1 帧处插入"气泡"元件。

（10）右键单击"图层 1"，在弹出的快捷菜单中选择"添加传统运动引导层"命令，在"图层 1"上方创建一个引导层，如图 2-5-8 所示。

（11）在"引导层"中使用钢笔工具绘制一条曲线，然后单击"图层 1"的第 1 帧，将气泡拖到引导线的下端，并使气泡的中心点与引导线的下端点完全重合，如图 2-5-9 所示。

图 2-5-8　　　　　　　　　图 2-5-9

（12）单击"图层 1"的第 60 帧，按 F6 键插入关键帧，使用任意变形工具将气泡缩小，并将气泡的中心点拖至与引导线的上端点重合，如图 2-5-10 所示。

（13）选择"图层 1"的第 1 ~ 60 帧之间的任意一帧，单击鼠标右键，在弹出的快捷菜单中选择"创建传统补间"命令，创建出补间动画。至此，气泡动画制作完成。

（14）制作"成堆气泡"影片剪辑元件。选择"插入"→"新建元件"命令，创建一个名称为"成堆气泡"的影片剪辑元件，将"库"面板中的"气泡及引导线"元件拖入舞台中 5 次，并使用任意变形工具及选择工具调整气泡的大小和位置，最终效果如图 2-5-11 所示。

图 2-5-10　　　　　　　　　图 2-5-11

（15）创建一个名称为"游鱼"的影片剪辑元件，使用椭圆工具及钢笔工具绘制鱼头部分，用颜料桶工具填充放射性渐变，最后绘制鱼尾部分，绘制完毕的游鱼效果及图层面板如图 2-5-12 所示。

（16）依次单击"鱼头"、"中间鱼尾"、"上面鱼尾"和"下面鱼尾"4 个图层的第 7 帧，按 F6 键插入关键帧，然后调整鱼头及鱼尾的位置和形状，调整后的游鱼形态如图 2-5-13 所示。最后在 4 个图层中分别创建形状补间动画，此时的时间轴状态如图 2-5-14 所示。

图 2-5-12

图 2-5-13　　　　　　　　　图 2-5-14

（17）依次单击"鱼头"、"中间鱼尾"、"上面鱼尾"和"下面鱼尾"4 个图层的第 14 帧，按 F6 键插入关键帧，然后调整鱼头及鱼尾的位置和形状，调整后的游鱼形态如图 2-5-15 所示。最后在 4 个图层中分别创建形状补间动画，此时的时间轴状态如图 2-5-16 所示。

（18）依次单击"鱼头"、"中间鱼尾"、"上面鱼尾"和"下面鱼尾"4 个图层的第 21 帧，按 F6 键插入关键帧，然后调整鱼头及鱼尾的位置和形状，调整后的游鱼形态如图 2-5-17 所示。最后在 4 个图层中分别创建形状补间动画，此时的时间轴状态如图 2-5-18 所示。

图 2-5-15　　　　　　　　　　　　　　　　图 2-5-16

图 2-5-17　　　　　　　　　　　　　　　　图 2-5-18

（19）选择"插入"→"新建元件"命令，创建一个名称为"鱼及引导线"的影片剪辑元件。单击"图层 1"的第 1 帧，将"游鱼"元件插入，右键单击"图层 1"，在弹出的快捷菜单中选择"添加传统运动引导层"命令，在图层 1 上方创建一个运动引导层。

（20）选择"运动引导层"，使用钢笔工具绘制一条曲线，如图 2-5-19 所示。

（21）单击"图层 1"的第 1 帧，将"游鱼"元件拖到引导线的右端，并使游鱼的中心点与引导线的右端点完全重合，如图 2-5-20 所示。

图 2-5-19　　　　　　　　　　　　　　　　图 2-5-20

（22）单击"图层 1"的第 100 帧，按 F6 键插入关键帧，将"游鱼"元件拖至引导线的左端，并使用游鱼的中心点与引导线的左端点重合，如图 2-5-21 所示。

图 2-5-21

（23）在"图层 1"的第 1～100 帧之间任意一点单击鼠标右键，在弹出的快捷菜单中选择"创建传统补间"命令，创建一个补间动画。

（24）单击"场景 1"，回到主场景中。双击"图层 1"，将其重命名为"背景"，然后单击第 1 帧，将"库"面板中的"水波效果"影片剪辑元件拖入舞台中。按 Ctrl+K 组合键，打开"对齐"面板，相对于舞台中心进行对齐。最后，单击"背景"图层的第 135 帧，按 F5 键插入帧。

（25）新建图层，并命名为"水泡"。单击"水泡"图层的第 1 帧，将"库"面板中的"成堆气泡"影片剪辑元件拖入舞台中两次，并适当调整其大小和位置，如图 2-5-22 所示。

（26）单击"水泡"图层的第 30 帧，按 F6 键插入关键帧，再拖入 1 次"成堆气泡"影片剪辑元件，如图 2-5-23 所示。单击该图层的第 135 帧，按 F5 键插入帧。

图 2-5-22 　　　　　　　　　　　图 2-5-23

（27）新建图层，并命名为"鱼"，将"库"面板中的"鱼及引导线"影片剪辑元件拖入舞台中两次，调整其大小和位置，如图 2-5-24 所示。单击"鱼"图层的第 135 帧，按 F5 键插入帧。

（28）选择"文件"→"导入"→"导入到库"命令，将素材文件"流水声 .mp3"导入到库中。然后新建一个图层，命名为"声音"，并单击该图层的第 1 帧，在其"属性"面板的"声音"选项中，设置"名称"为"流水声 .mp3"，设置"同步"为"事件"、"重复"，并将重复的次数设置为 2，如图 2-5-25 所示。

图 2-5-24 　　　　　　　　　　　图 2-5-25

（29）至此，动画制作完成，最终的时间轴面板如图 2-5-26 所示。按 Ctrl+Enter 组合键测试影片，按 Ctrl+S 组合键保存文件。

图 2-5-26

2.5.4　知识点总结

本任务中，水泡和游鱼动画采用的都是引导线动画。在制作引导线动画时，需要注意以下几个方面。

（1）通过"添加运动引导层"命令创建引导层时，会自动将引导层下方的图层转换为被引导层，而只有具备了引导层与被引导层才能制作出引导动画。如果通过图层属性来创建引导层，可以看出引导层前面的图标是 <，这说明引导层下方没有被引导层，因此需要将其下方的图层先转换为被引导层才能做出引导动画。如图 2-5-27 所示，在"图层 1"上方添加引导层后，"图层 1"自动转换为被引导层（比普通图层向里缩进了一部分）。而图 2-5-28 中，"图层 2"虽然也被转换成了引导层，但"图层 1"仍然是普通图层，并没有自动转换为被引导层。

图 2-5-27　　　　　图 2-5-28

（2）在被引导层中，必须将用于引导线运动的动画对象的中心点贴到引导线上。为了能让动画对象紧贴在引导线上，可以先单击选择工具，再单击"对齐对象"按钮，将其按下并激活"对齐对象"的功能，此时，动画对象的中心点将自动贴紧到引导线上。

项3目

PROJECT

电子贺卡制作

Flash 电子贺卡是由动画、图形、文字和音乐等元素组合而成的特殊艺术品。电子贺卡的种类很多，除了父亲节贺卡、生日贺卡以外，还有元宵卡、中秋卡、情人卡、儿童卡等。本项目通过父亲节贺卡、生日贺卡、圣诞节贺卡的制作介绍了电子贺卡的制作方法和制作流程，读者在熟练掌握的基础上举一反三，即可制作出花样繁多、独具个性的电子贺卡。

3.1　任务 1——父亲节贺卡

父亲节贺卡重点突出的是"感谢父亲"的主题，因此，本任务中通过几个场景回忆成长过程中父亲对子女的爱，最后通过礼物表达对父亲的感谢，动画非常温馨感人。

3.1.1　实例效果预览

本节实例效果如图 3-1-1 所示。

图 3-1-1

3.1.2　技能应用分析

1. 多次使用新建元件及转换元件。

2. 使用形状补间，完成白色矩形过渡动画。

3. 通过调整位置和透明度来创建文字移动动画及小球飘动动画。

4. 制作 replay 按钮并添加代码实现单击按钮重播动画。

3.1.3　制作步骤解析

（1）选择"文件"→"新建"命令，新建大小为 440*330 像素的文件，命名为"父亲节贺卡"。

（2）选择"文件"→"导入"→"导入到库"命令，如图 3-1-2 所示，在打开的"导入到库"对话框中，将素材文件"父亲 01. jpg"、"父亲 02.jpg"、"父亲 03.jpg"和"父亲节 .jpg"导入到库中，如图 3-1-3 所示。

图 3-1-2　　　　　　　　　　　　　图 3-1-3

（3）在库中选择"父亲 01"素材文件，将其拖入舞台中，选中该素材，在"属性"面板中将"宽"、"高"分别设置为 497、379.95，将 X、Y 分别设置为 −57、0，如图 3-1-4 所示。

（4）选择"修改"→"转换为元件"命令，如图 3-1-5 所示。在打开的"转换为元件"对话框中将"名称"设为"背景 01"，"类型"设置为"图形"，并调整其对齐方式，如图 3-1-6 所示，单击"确定"按钮。

图 3-1-4　　　　　　　　　　　　　图 3-1-5

图 3-1-6

（5）选中第 120 帧，按 F6 键插入关键帧，选中该帧上的元件，在"对齐"面板中单击"左对齐"按钮，如图 3-1-7 所示。选中该图层的第 1～120 帧之间的任意 1 帧，右击鼠标，在弹出的快捷菜单中选择"创建传统补间"命令，如图 3-1-8 所示。

（6）在时间轴面板中，双击"图层 1"，将图层 1 重命名为"背景"。单击"新建图层"按钮，新建图层 2，将图层 2 重命名为"矩形"，在工具箱中单击"矩形工具"在舞台中绘制一个矩形，在"属性"面板中将 X、Y 分别设置为 −18、−10，将"宽"、"高"分别设置为 500、359.95，将"填充颜色"设置为白色，将"笔触颜色"设置为无，如图 3-1-9 所示。

图 3-1-7　　　　　　　　图 3-1-8　　　　　　　　图 3-1-9

（7）选中"矩形"图层的第 13 帧，按 F6 键插入关键帧，选中该帧上的图形，在"属性"面板中将"宽"、"高"分别设置为 76、439，双击"填充颜色"，在打开的"调色板"中，将"填充颜色"的 Alpha 值设置为 0%，如图 3-1-10 所示。选中该图层的 1～13 帧之间的任意 1 帧，右击鼠标，在弹出的快捷菜单中选择"创建形状补间"命令，创建形状补间动画。

（8）在时间轴面板中单击"新建图层"按钮，新建"文字 1"图层，选中该图层的第 15 帧，按 F6 键插入关键帧，在工具箱中单击"文本工具"，在舞台中单击鼠标，输入文字，选中输入的文字，在"属性"面板中将字体设置为"微软雅黑"，"样式"设置为"Bold"，"大小"设置为 14，"颜色"设置为 #663300，如图 3-1-11 所示。

图 3-1-10　　　　　　　　　　　　　　图 3-1-11

（9）选中该文字，选择"修改"→"转换为元件"命令，将其转换为名称为"文字1"的图形元件。

（10）选中该元件，在"属性"面板中将 X、Y 分别设置为 260、41.3，将"样式"设置为 Alpha，并将其值设置为 0%，如图 3-1-12 所示。

（11）选中该图层的第 32 帧，按 F6 键插入关键帧，选中该帧上的元件，在"属性"面板中将 X 设置为 260，Y 设置为 27.3，将 Alpha 值设置为 100%，如图 3-1-13 所示。选中该图层的第 23 帧，右击鼠标，在弹出的快捷菜单中选择"创建传统补间"命令。

图 3-1-12　　　　　　　　　　　　　　图 3-1-13

（12）在时间轴面板中单击"新建图层"按钮，新建图层"文字 2"，选中该图层的第 24 帧，按 F6 键插入关键帧，在工具箱中单击"文本工具"，在舞台中输入文字，选中输入的文字，在"属性"面板中将字体设置为"微软雅黑"，将"样式"设置为 Blod，将"大小"设置为 30，将"颜色"设置为 #663300。

（13）选中该文字，将其转换为"文字 2"图形元件，选中该元件，在"属性"面板中将 X、Y 分别设置为 291、49.4，将"样式"设置为 Alpha，将其值设置为 0%。

（14）选中该图层的第 38 帧，按 F6 键插入关键帧，选中该帧上的元件，在"属性"面板中将 X 设置为 310，将 Alpha 值设置为 100%。选中第 30 帧，右击鼠标，在弹出的快捷菜单中选择"创建传统补间"命令，创建传统补间动画。

（15）在时间轴面板中单击"新建图层"按钮，新建图层"文字 3"，选中该图层的第

32 帧，按 F6 键插入关键帧，使用文本工具创建文字，在"属性"面板中将文字大小设置为 14，并将文字转换为名称为"文字 3"的图形元件。

（16）选中该元件，在"属性"面板中将 X、Y 分别设置为 382、51，将"样式"设置为 Alpha，并将其值设置为 0。

（17）选中该图层的第 45 帧，插入关键帧，选中该帧上的元件，在"属性"面板中将 Y 值设置为 57，将 Alpha 值设置为 100%。选中第 38 帧，右击鼠标，在弹出的快捷菜单中选择"创建传统补间"命令。

（18）在时间轴面板中选择"矩形"图层的第 26 帧，按 F7 键插入空白关键帧，使用文本工具创建文字"守候"，并在其"属性"面板中将其"大小"设置为 50，将"颜色"设置为 #996600。选中该文字，将其转换为"文字 4"图形元件。

（19）选中该元件，在"属性"面板中将 X、Y 分别设置为 352.3、36.75，将"样式"设置为 Alpha，值设置为 0%。

（20）选中"矩形"图层的第 94 帧，按 F6 键插入关键帧，选中该帧上的元件，在"属性"面板中将 Alpha 值设置为 23%。选中该图层的第 7 ～ 94 帧之间的任意 1 帧，右击鼠标，在弹出的快捷菜单中选择"创建传统补间"命令。

（21）在时间轴面板中单击"新建图层"按钮，新建图层"矩形 2"，选中该图层的第 108 帧，按 F6 键插入关键帧，在工具箱中单击"矩形工具"，在舞台中绘制一个矩形，选中该矩形，在"属性"面板中将 X、Y 分别设置为 −18、−10，将"宽"、"高"分别设置为 492、73.9，将"填充颜色"的 Alpha 值设置为 0%，将"笔触颜色"设置为无。

（22）选中第 120 帧，按 F6 键插入关键帧，选中该帧上的图形，在"属性"面板中将"宽"、"高"分别设置为 494、374，将"填充颜色"的 Alpha 值设置为 100%，将"颜色"设置为白色。选中第 108 ～ 120 帧之间的任意 1 帧，右击鼠标，创建补间动画。

（23）使用前面所介绍的方法创建其他动画效果，如图 3-1-14 所示。

图 3-1-14

（24）选择"插入"→"新建元件"命令，在弹出的"创建新元件"对话框中将"名称"设置为"飘动的小球"，将"类型"设置为"影片剪辑"，如图 3-1-15 所示，单击"确定"按钮。在舞台中单击鼠标，在"属性"面板中将"舞台"设置为 #999900，如图 3-1-16 所示。

图 3-1-15　　　　　　　　　　　　　　　图 3-1-16

（25）在工具箱中单击"椭圆工具"，绘制一个正圆，在"属性"面板中将"宽"、"高"均设置为 47，将"填充颜色"设置为 #FFFFFF，将"笔触颜色"设置为无。

（26）选中该图形，将其转换为"小球"图形元件，调整中心位置，如图 3-1-17 所示。

图 3-1-17

（27）选中该元件，在"属性"面板中将 X、Y 分别设置为 −123.1、49.75，将"宽"、"高"均设置为 38.6，将"样式"设置为 Alpha，并将其值设置为 24%。

（28）选中该图层的第 23 帧，插入关键帧，选中该帧上的元件，在"属性"面板中将 Y 值设置为 11.5，将 Alpha 值设置为 0%。选中第 10 帧，右击鼠标，在弹出的快捷菜单中选择"创建传统补间"命令。

（29）选中第 25 帧，插入关键帧，选中该帧上的元件，在"属性"面板中将 Y 值设置为 171.45，将"宽"、"高"均设置为 47，将 Alpha 值设置为 100%。选中第 48 帧，插入关键帧，选中该帧上的元件，在"属性"面板中将 Y 值设置为 53.15，将"宽"和"高"均设置为 38.9，将 Alpha 设置为 26%。选中第 37 帧，右击鼠标，创建传统补间动画。

（30）使用相同的方法创建其他小球运动动画，如图 3-1-18 所示。

（31）返回到场景 1 中，在时间轴面板中单击"新建图层"按钮，新建图层"小球动画"，在库中选择"飘动的小球"，将其拖入舞台中，并调整其位置。选中该元件，在"属性"面板中将"样式"设置为"高级"，并设置其参数，如图 3-1-19 所示。

图 3-1-18　　　　　　　　　　　　　图 3-1-19

（32）继续选中该对象，在"属性"面板中单击"滤镜"选项中的"添加滤镜"按钮，在弹出的下拉列表中选择"模糊"选项，如图 3-1-20 所示。设置参数如图 3-1-21 所示。

图 3-1-20　　　　　　　　　　　　图 3-1-21

（33）在"显示"选项组中将"混合"设置为"叠加"，如图 3-1-22 所示。效果如图 3-1-23 所示。

图 3-1-22　　　　　　　　　　　　图 3-1-23

（34）选择"插入"→"新建元件"命令，新建一个名称为"按钮"的按钮元件。将舞台颜色设置为#FFCC99，使用"文本工具"输入文字"replay"，将字体设置为"华文琥珀"，大小设置为30，颜色设置为#9999FF，如图 3-1-24 所示。

（35）在时间轴面板中选中该图层的"指针经过"帧，插入关键帧，选中该帧上的文字，在"属性"面板中将颜色设置为#FF3366，如图 3-1-25 所示。

图 3-1-24　　　　　　　　　　　　　　　图 3-1-25

（36）返回到场景 1 中，在时间轴面板中单击"新建图层"按钮，新建图层"按钮"，选择第 480 帧，插入关键帧，将库中的"按钮"元件拖入舞台中，并调整其位置。

（37）选中该按钮元件，按 F9 键，在弹出的面板中输入代码，如图 3-1-26 所示。

图 3-1-26

（38）选择"文件"→"导入"→"导入到库"命令，在弹出的对话框中选择"背景音乐 .mp3"音频文件，将其导入到库。新建图层"背景音乐"，将库中的"背景音乐"元件拖入到舞台中。

3.1.4　知识点总结

在本节动画效果的制作中，多次应用到了元件。元件是存储在"库"面板中可重复使用的资源，包含影片剪辑、图形和按钮 3 种类型，通常被用于制作特效、动画和交互性。

在本节实例中制作了"小球"图形元件、"飘动的小球"影片剪辑、replay 按钮元件等 3 种元件。

动作补间动画是指在 Flash 的时间帧面板上，在一个关键帧上放置一个元件，然后在另一个关键帧上改变这个元件的大小、颜色、位置、透明度等，Flash 将自动根据二者之间的帧的值创建的动画。动作补间动画建立后，时间帧面板的背景色变为淡紫色，在起始帧和结束帧之间有一个长长的箭头；构成动作补间动画的元素是元件，包括影片剪辑、图形元件、按钮、文字、位图、组合等，但不能是形状，只有把形状组合（Ctrl+G）或者转换成元件后才可以做动作补间动画。形状补间动画是在 Flash 的时间帧面板上，在一个关键帧上绘制一个形状，然后在另一个关键帧上更改该形状或绘制另一个形状等，Flash 将自动根据二者之间的帧的值或形状来创建的动画，它可以实现两个图形之间颜色、形状、大小、位置的相互变化。形状补间动画建立后，时间帧面板的背景色变为淡绿色，在起始帧和结束帧之间也有一个长长的箭头；构成形状补间动画的元素多为用鼠标或压感笔绘制出的形状，而不能是图形元件、按钮、文字等，如果要使用图形元件、按钮、文字，则必先打散（Ctrl+B）后才可以做形状补间动画。

3.2　任务 2——生日贺卡

制作 Flash 贺卡时，要根据赠送对象来确定贺卡的主题色调、内容和表现形式。本任务制作的是一个卡通生日贺卡，主题色调为绿色，色彩比较鲜艳，主人公是几个可爱的小朋友，再搭配上动听的"生日歌"，成功营造出一种快乐的氛围。在动画的制作过程中主要使用了元件、传统补间动画、逐帧动画、滤镜等基本知识。

3.2.1　实例效果预览

本节实例效果如图 3-2-1 所示。

图 3-2-1

3.2.2　技能应用分析

1．使用多种工具绘制出影片中的图形，利用鲜艳、明亮的色彩渲染快乐氛围。

2．分别为各个动画元件编辑动画，利用逐帧动画形式表现细腻的人物动作。

3．使用投影、发光滤镜使画面产生较强的层次感和光影效果。

4．为影片加入温馨舒缓的音乐背景，感染观众，再以生日歌表达祝福。

3.2.3　制作步骤解析

（1）打开"生日快乐素材.fla"文件，库中放置了部分制作生日贺卡的素材，然后将其保存到指定的文件夹中，命名为"生日贺卡"。

（2）新建"黑框"图层，绘制一个比舞台大的黑色矩形，然后在黑色矩形旁边绘制一个 500×400 像素的白色矩形，并在"属性"面板中将其位置设置为"X：0，Y：0"。利用"同色相焊接，异色相剪切"的属性，删除白色矩形，得到像窗户口一样的黑框，如图 3-2-2 所示。将该图层的显示方式设置为轮廓显示，如图 3-2-3 所示。

（3）新建"背景"的图层，将其移到"黑框"图层的下方，然后在该图层中绘制出一个绿色条纹的矩形作为墙壁，如图 3-2-4 所示。

图 3-2-2

图 3-2-3

图 3-2-4

（4）将库中的"树"元件拖入舞台，调整其大小及位置，如图 3-2-5 所示。选中两个树，选择"修改"→"转换为元件"命令，将其转换为名称为"植物"的影片剪辑元件。

图 3-2-5

图 3-2-6

（5）打开"属性"面板，展开"滤镜"属性，单击左下角的"添加滤镜"按钮，在打开的菜单中选择"投影"命令，如图 3-2-6 所示，为其添加一个投影滤镜效果，设置"模糊 X/Y"为 30，"强度"为 30%，"颜色"为黑色，"角度"为 72°，"距离"为 30，如图 3-2-7 所示。

（6）绘制出一些彩带的图形并将其转换为影片剪辑，然后通过属性面板为其添加一个投影的滤镜效果，设置"模糊 X/Y"为 30，"强度"为 50%，"颜色"为黑色，"角度"为45°，"距离"为 20，这样就使画面产生了较强的层次感和光影效果，如图 3-2-8 所示。

图 3-2-7   图 3-2-8

（7）在舞台中间输入文字"HAPPY BIRTHDAY"，修改其字体为 Big truck 字体，字号为 40，颜色为黄色。然后通过属性面板为其添加一个发光的滤镜效果，设置"模糊 X/Y"为 8 像素，"强度"为 1000%，"颜色"为红色，如图 3-2-9 所示。

（8）再为文字添加两个发光的滤镜效果，参照上面的参数对其进行设置，然后分别设置"颜色"为淡蓝色（#00ccff）、白色，如图 3-2-10 和图 3-2-11 所示。

图 3-2-9

图 3-2-10   图 3-2-11

（9）单击"添加滤镜"按钮，添加一个投影的滤镜效果，设置"模糊 X/Y"为 20，"颜色"为绿色（#009900），如图 3-2-12 所示。

（10）选择"修改"→"转换为元件"命令，将文字转换为一个新的影片剪辑元件，并命名为"生日快乐"。

（11）进入该元件的编辑窗口中，在第 6 帧处按 F5 键，延长图层的显示帧到第 6 帧，再将第 4 帧转换为关键帧，通过属性面板修改文字上的滤镜效果，使发光的顺序为浅蓝色、红色、白色。

（12）设置填充色为白色，然后新建一个图层，在该图层中使用刷子工具绘制出文字上面的立体高光效果，如图 3-2-13 所示。

图 3-2-12   图 3-2-13

（13）在"背景"图层的上方插入一个新的图层，命名为"蛋糕"，将库中的"蛋糕"元件拖入舞台中，并调整好位置，如图 3-2-14 所示。

（14）在蜡烛上方绘制一个椭圆形，填充为"黄色（#fedb4e）红色（#fe4545）透明红色"的放射渐变，再使用渐变变形工具对其进行调整，如图 3-2-15 所示。

图 3-2-14   图 3-2-15

（15）按 F8 键将其转换为一个影片剪辑，命名为"火苗"，进入该元件的编辑窗口中，将第 10 帧、第 20 帧转换为关键帧，然后使用任意变形工具对第 10 帧中的图形进行修改，最后为其添加形状补间动画，就得到了火苗闪动的动画效果。

（16）回到主场景中，对影片剪辑"火苗"进行复制，使每根蜡烛上都有一个火苗，如图 3-2-16 所示。

图 3-2-16

（17）在"背景"图层与"蛋糕"图层的中间插入一个名称为"人物 A"的新图层，将库中的"人物 A"拖入至舞台中央。

（18）分别将"人物 A"图层的第 12、14、16 帧转换为关键帧，依次修改各帧中的图形，使其形成一个小男孩将手合在一起的逐帧动画，如图 3-2-17 所示。

图 3-2-17

（19）依次将第 90、92、94、96、98、100、104 帧转换为关键帧，分别对各帧中男孩的手、眼睛、嘴、身体及头的位置和大小进行修改，编辑出小男孩吹蜡烛的逐帧动画，如图 3-2-18 所示。

图 3-2-18

（20）对照小男孩吹蜡烛的动画，将"蛋糕"图层的第 100 帧到 103 帧转换为关键帧，依次删除各关键帧中的影片剪辑元件"火苗"，这样就得到蜡烛被依次吹灭的动画效果。

（21）在"蛋糕"图层的上方插入一个名为"彩片"的新图层，然后将第 100 帧转换为关键帧，在舞台的正上方绘制出一些黄色的碎纸片，按 F8 键将其转换为一个名称为"彩片"的影片剪辑元件，在该元件的编辑窗口，再将这些黄色的碎纸片转换为一个影片剪辑"小纸片"。

（22）进入到影片剪辑元件"小纸片"的编辑窗口，将第 2 帧转换为关键帧，然后水平翻转其中的图形。

（23）回到影片剪辑元件"彩片"的编辑窗口，使用刷子工具绘制出一条白色的曲线，然后将其转换为一个新的影片剪辑元件"彩条"，进入该元件的编辑窗口中，将第 2 帧转换为关键帧，再水平翻转其中的图形。

（24）返回上一级元件编辑窗口中，对影片剪辑"彩条"进行复制，并通过属性面板修改它们的色调，使其如图 3-2-19 所示。

图 3-2-19

（25）回到主场景中，将"彩片"图层的第 140 帧转换为关键帧，并移动该帧中的影片剪辑"彩片"到舞台的正下方，选中第 100 帧创建传统补间动画。

（26）在"背景"图层的上方新建一个名为"人物 B"的图层，然后在第 100 帧处插入关键帧，将库中的"人物 B"影片剪辑元件拖入舞台的左边，选中第 110 帧插入关键帧，向左移动该帧中的影片剪辑至吹蜡烛的小男孩左边，然后创建补间动画，如图 3-2-20 所示。

（27）参照左边小朋友出现的动画，在一个新图层"人物 C"中，编辑出右边小朋友出现的动画，如图 3-2-21 所示。

图 3-2-20　　　　　　　　　　　　　　　图 3-2-21

（28）在"彩片"图层的上方插入一个名为"文字 A"的图层，在该图层的第 5 帧中输入文字"轻轻闭上你的眼睛"，设置字体为华康少女字体，颜色为橙色（#ff6600），并为其添加一个白色发光的滤镜效果，再调整好其大小和位置。

（29）按 F8 键将其转换为一个影片剪辑"文字 A"，在第 15 帧处插入关键帧，将第 5 帧中的影片剪辑向下移动，通过属性面板设置其透明度为 0%，再创建补间动画，就得到文字向上淡入的动画效果。

（30）参照上面的方法，在"文字 A"图层的第 40 帧到第 50 帧间，编辑出文字向下淡出的动画效果。

（31）参照"文字 A"图层中动画的编辑方法，在一个新图层"文字 B"图层中的第 40 帧到第 90 帧间，编辑出文字"许下美好的心愿"向上淡入再向下淡出的动画效果。

（32）在第 140 帧至第 150 帧间，编辑出文字"朋友！祝你永远快快乐乐！"向下淡入的动画效果。

（33）添加声音。选中第 150 帧，通过动作面板为其添加如下动作代码：

```
Stop();
```

（34）执行"文件"→"导入"→"导入到库"命令，将声音素材文件导入到库中。

（35）在所有图层上方插入一个新图层"声音"，通过属性面板为其添加一个声音 sound1，设置"同步"为"数据流"并重复 1 次，如图 3-2-22 所示。

（36）将"声音"图层的第 100 帧转换为空白关键帧，通过属性面板为其添加一个声音 sound2，设置"同步"为"事件"并循环。这样当吹蜡烛时，生日快乐歌便响起。

（37）选中"人物 B"图层的第 100 帧，为其添加一个吹气的声音 sound3，设置"同步"为"事件"并重复 1 次，然后单击"效果"后的编辑按钮，弹出"编辑封套"对话框，如图 3-2-23 所示。拖动"起始滑动头"到声音时间轴的 0.75 秒处，这样就使该声音文件多余的部分被裁减掉，不会进行播放，如图 3-2-24 所示。

图 3-2-22　　　　　　　　　　　　图 3-2-23

（38）在"人物 B"图层的第 110 帧上添加一个鼓掌的声音 sound4，设置"同步"为"事件"并重复 1 次，然后开启"编辑封套"对话框进行编辑。

（39）分别将左右声道的"音量控制节点"向下移动，从而降低该声音的音量，再拖动"起始滑动头"将声音开始时的空白部分裁减掉，如图 3-2-25 所示。

图 3-2-24　　　　　　　　　　　　图 3-2-25

（40）保存文件，测试影片。

普通高等职业教育体系精品教材·计算机系列
Flash 动画制作项目教程（第 2 版）

3.2.4　知识点总结

在本实例的制作过程中，先在绘图工作区中绘制出各种图形，然后对其进行动画编辑，最后根据动画为影片添加合适的声音。主要利用逐帧动画形式表现细腻的人物动作，在表现小朋友拍手和吹蜡烛动作时，将每一帧的动作变化进行记录，连续播放后就形成了逐帧动画。需要注意的是，制作逐帧动画要注意全身动作之间的协调，不能只做手的动作或嘴的动作，否则动画的效果会很僵硬，不真实。比如吹蜡烛时，不光嘴的形状有变化，身体和头也有变化，吹蜡烛之前，身体一般会向后，变小，吹时身体向前，变大，大家可以模仿现实生活中吹蜡烛的动作仔细体会。

3.3　任务 3——圣诞贺卡

近年来年圣诞节已经成为年轻人喜欢的节日之一，因此，在节日时制作一个圣诞贺卡给朋友送上节日的祝福已经成为时尚。本任务采用雪花、圣诞树、烟花、圣诞老人等元素表达对圣诞节的祝贺。

3.3.1　实例效果预览

本节实例效果如图 3-3-1 所示。

图 3-3-1

3.3.2　技能应用分析

1．使用传统补间制作雪球滚动的动画。

2．使用色彩调整制作彩色礼花，使用遮罩制作礼花动画。

3．使用交换元件制作帽子交换动画。

4．使用发光滤镜为文字添加发光效果。

3.3.3　制作步骤解析

（1）打开素材文件"圣诞贺卡素材.fla"文档，另存为"圣诞贺卡"。

（2）选择"插入"→"新建元件"命令，新建一个名为"下雪"的影片剪辑元件，在该元件工作区，将"库"面板中的"雪花"命令元件拖入舞台中，选中第79帧，按F5键插入关键帧，单击鼠标右键，在弹出的快捷菜单中选择"创建补间动画"命令，将播放头放至第30帧，选中舞台上的"雪花"元件实例往下移动，这时系统自动形成一条路径，可以利用选择工具调节路径形状，如图3-3-2所示。

（3）选择"插入"→"新建元件"命令，新建一个名为"下雪总动员"的影片剪辑元件，在该元件工作区，将"库"面板中的"下雪"元件拖入舞台中，新建多个图层，制作出多个"下雪"元件，并随意改变其大小和开始播放时间，时间轴如图3-3-3所示。

图3-3-2　　　　　　　　　　　　　图3-3-3

（4）打开"库"面板，单击下方的"新建文件夹"按钮，命名为"下雪动画"，将"雪花"、"下雪"和"下雪总动员"元件拖到文件夹内。

（5）选择"插入"→"新建元件"命令，新建一个名为"开头动画"的图形元件，在该元件的工作区中，双击"图层1"，将"图层1"改名为"背景"，将"库"面板中的"背景1"元件拖入舞台中，在第38帧处插入帧。

（6）单击插入新图层，命名为"球"，将"库"面板中的"雪球"元件拖入舞台中，并调整好位置，按住 Ctrl 键，选中第 8、12、38 帧，按 F6 键插入关键帧。选中第 12 帧，将球向右移动一小段距离，做运动前的预备动作。选中第 38 帧，把雪球移到舞台外，右键单击 8 ～ 12 帧和 12 ～ 38 帧中的任意一帧，创建补间动画。选中 8 ～ 12 帧的中间补间动画，打开"属性"面板，单击"补间"，打开延伸面板，在"旋转"下拉列表框中选择"顺时针"旋转 1 次，如图 3-3-4 所示。用同样方法将第 12 ～ 38 帧之间的补间动画属性设为"逆时针"旋转 1 次，"缓动"为"–100"（使球先慢后快地运动）。

图 3-3-4

（7）单击插入新图层，命名为"阴影"，并放在"球"图层的下方，根据球的运动来设置阴影的移动。选中第 1 帧，在雪球的下方使用椭圆工具画一个椭圆形的阴影，阴影为由灰到白"径向渐变"填充。按住 Ctrl 键，选中第 8、12、38 帧，按 F6 键插入关键帧，分别选中第 12、38 帧改变阴影的位置到雪球的下方。然后选中第 8 ～ 12 帧和第 12 ～ 38 帧中的任意一帧，创建补间形状，如图 3-3-5 所示。单击第 12 ～ 38 帧间的任意一帧，打开"属性"面板，单击"补间"，打开延伸面板，将"缓动"设为"－100"。

（8）在"球"图层的上方新建一个"地面"图层，使用刷子工具绘制一根灰蓝色的线，如图 3-3-6 所示。

（9）选择"插入"→"新建元件"命令，新建一个名为"中间动画"的图形元件，在该图形元件工作区，将"图层 1"的名称改为"背景"，将"库"面板中的"背景 2"图形元件拖入舞台，然后在第 41 帧处插入关键帧。

图 3-3-5   图 3-3-6

（10）新建一个名称为"球 1"的图层，将"库"面板中的"雪球"元件拖入舞台，选中第 5、9 帧并插入关键帧，在第 5 帧处将雪球往上移动，在第 9 帧处将雪球往上移动并放大，选中第 12 帧，插入空白关键帧，选中第 1 ～ 5 帧和第 5 ～ 9 帧中的任意一帧，分别创建补间动画。

（11）单击"新建"按钮插入名称为"树1"的新图层，将库面板中的"圣诞树"元件拖入舞台的右边，并缩小，逆时针旋转15度。选中第20、41帧，插入关键帧，选中第41帧，将圣诞树向右移动，在第20～41帧中间创建传统补间动画。

（12）新建名为"树2"的图层，拖入圣诞树，调整大小顺时针旋转15度，创建传统补间动画，如图3-3-7所示。

（13）新建名为"地面"的图层，参照步骤（8）绘制如图3-3-8所示地面。选中第1帧的地面，按F8键转换为图形元件，并命名为"场景2背景"。选中第20、41帧，插入关键帧，选中第41帧向上移动，在第20～41帧中间创建传统补间动画。

图 3-3-7

图 3-3-8

（14）新建名称为"大树1"和"大树2"的两个图层，并按照步骤（11）和（12）的方法来制作"大树1"和"大树2"的动画，接着在这两个图层的下方加入一个"树阴影"图层，绘制树阴影图形，制作跟大树一样的动画，跟着树一起移动。放置大树和阴影的效果如图3-3-9所示，时间轴如图3-3-10所示。

图 3-3-9

图 3-3-10

（15）新建名称为"球2"的图层，选中第12帧插入关键帧，复制"球1"图层的第9帧，执行"粘贴到当前位置"命令粘贴到这一帧，并将舞台中的"雪球"元件实例往下移，选中第16、20、41帧，插入关键帧，选中第16帧往上移动一点，做滚动前的准备。复制第12帧，在第20帧处进行粘贴。选中第41帧，将球放大到整个舞台。在第12～16

帧、16～20帧、20～41帧创建传统补间，并在其图层下新建"阴影"图层，绘制阴影，制作动画，使之跟着球一起移动，如图3-3-11所示。

（16）打开"库"面板，单击"新建文件夹"按钮，命名为"雪球滚动动画镜头"，将"场景2背景"、"开头动画"和"中间动画"元件拖到文件夹中。

（17）新建一个名称为"碰前镜头1"的图形元件，双击"图层1"，命名为"背景"，导入素材图片"背景3.png"，并将其转换为名称为"背景3"的图形元件，在第24帧处插入帧。新建名称为"雪球"的图层，将"中间动画"元件中的"球2"图层的第41帧复制到雪球图层的第1帧，在第24帧处插入关键帧，将球缩小，在1～24帧中间创建传统补间动画，并打开"属性"面板，设置参数如图3-3-12所示。在该层下方新建一个阴影层，跟随雪球运动。

图 3-3-11　　　　　　　　　　　　　　图 3-3-12

（18）新建一个名称为"碰前镜头2"的图形元件，双击"图层1"名称处，将"图层1"改名为"背景"，将素材文件"背景4.jpg"导入到舞台，选中背景，将其转换为"背景4"图形元件，选中第30帧，插入帧，如图3-3-13所示。

（19）新建一个名称为"地面"的图层，使用刷子工具绘制出如图3-3-14所示的地面图形。绘制好后效果如图3-3-15所示。

图 3-3-13　　　　　　　　图 3-3-14　　　　　　　　图 3-3-15

（20）新建一个名称为"球"的图层，将库中的"雪球"元件拖入舞台中，并移到舞台右边调整适合的大小。选中第16帧，插入关键帧，将球移至舞台左边。在1～16帧之间创建传统补间，并打开其属性面板，将旋转设置为"顺时针"。在"球"图层的下方新建一个"阴影"图层，绘制阴影，并跟随球运动。

（21）新建一个名称为"多米诺骨牌动画"的图形元件，将"库"面板中的"多米诺牌"元件拖入舞台，移动复制出 17 个，单击鼠标右键，在弹出的快捷菜单中选择"分散到图层"命令，将 17 个"多米诺牌"分散到各个图层，将图层从上至下命名为 1 ～ 18，全选 18 个图层的第 2 帧，插入关键帧，全选 18 个图层的第 10 帧，插入关键帧，选中每一图层的第 10 帧做逆时针旋转 90 度，即向左倒下的状态。在第 2 ～ 10 帧创建传统补间动画。

（22）全选"1"图层的第 2 ～ 10 帧，向后拖动，并将第 2 帧的位置定在第 12 帧处。全选"2"图层的第 2 ～ 10 帧，向后施动并将第 2 帧的位置定在第 14 帧处。以差两帧的方法以此类推下去，如图 3-3-16 所示。在其后加入阴影层，将所有图层的帧延伸至第 116 帧。

图 3-3-16

（23）新建一个名称为"雪球碰到多米诺牌动画"的图层，选中"图层 1"，重命名为"背景"，导入图片背景 6，转换为"背景 6"图形元件。新建名称为"多米诺骨牌动画"的图层，将库中的"多米诺骨牌动画"元件拖到舞台中并摆好位置。新建名称为"雪球"的图层，将库面板中的"球"元件拖入舞台，选中第 11 帧插入关键帧，在第 1 ～ 11 帧之间创建传统补间，并将其旋转属性设为逆时针。选中第 18 帧插入关键帧，创建传统补间动画，并将动画的旋转属性设为顺时针，"缓动"为 − 100。将所有帧延伸至第 61 帧。球碰多米诺牌动画场景如图 3-3-17 所示。

图 3-3-17

（24）新建一个名称为"多米诺骨牌落入悬崖"的图形元件，将"库"面板中的"多米诺骨牌"元件拖入舞台，在舞台中复制出 8 个图形，分散到层，图层名称分别为 1～8，在图层 7 的第 28 帧处插入关键帧，顺时针旋转 5 度。在图层 8 的第 28 帧、40 帧处插入关键帧，在第 28 帧处逆时针旋转 30 度，在第 40 帧处向下拖动。在第 28～40 帧之间创建传统补间，打开"属性"面板，设置逆时针旋转 1 次。将所有帧延伸至第 95 帧，如图 3-3-18 所示。

图 3-3-18

（25）新建一个名称为"多米诺骨牌到悬崖上动画总合"的图形元件，将背景 7 导入到图层 1 的第 1 帧处，将图层 1 重命名为"背景"，将背景 7 转换为图形元件。新建名称为"骨牌动画"的图层，将"库"面板中的"多米诺骨牌落入悬崖"元件拖入舞台，如图 3-3-19 所示。

图 3-3-19

（26）打开"库"面板，新建文件夹"多米诺骨牌动画镜头"，将关于多米诺骨牌的元件全部拖至文件夹中。

（27）新建一个名称为"小圆圈动画"的图形元件，将"小圆圈"元件拖至舞台中央，在第2帧处插入关键帧，并将其向右上角移动一点。

（28）新建一个名称为"星星动画"的影片剪辑元件，将库中的"星星元件"拖入舞台，并将图层1命名为"星星"，在第15帧处插入关键帧，在第1～15帧之间创建传统补间，打开"补间动画"属性面板，设置旋转属性为顺时针旋转1周。新建多个图层，将"小圆圈动画"拖到舞台，设置其开始播放帧的位置和大小。星星动画场景如图3-3-20所示，时间轴如图3-3-21所示。

图 3-3-20

图 3-3-21

（29）新建一个名称为"礼炮"的图形元件，将"炮身"元件拖入舞台，并将图层1重命名为"炮身"，新建名称为"导火索"图层，用线条工具绘制一条导火索。新建名称为"星星动画"的图层，选中第74帧，插入关键帧，将库中的"星星动画"拖入舞台中，在第74帧创建补间动画，选中第90帧，在舞台上选中"星星动画"元件实例拖动至导火索中间位置，并用选择工具改变路径的形状跟导火索吻合，按同样的方法将播放头放到第103帧，将"星星动画"元件实例移到导火索末端，同样使用选择工具改变路径跟导火索吻合。

（30）选中"导火索"图层第74、77、80、83、86、89、92、95、98、101帧并插入关键帧，根据步骤（28）中"星星动画"的运动位置，使用橡皮擦工具将多余的导火索擦除，并在第74～77帧创建补间形状，按此方法将其余的帧也创建补间形状。

（31）新建一个名为"多米诺骨牌掉在跷跷板上镜头"的图形元件，在其编辑窗口中导入素材图片"背景8.jpg"，将其转换为图形元件，然后将图层1重命名为"背景"，新建名称为"雪人"的图层，将库中的"雪人"元件拖入舞台，调整好位置。

（32）将库中的"蜡烛"、"跷跷板"、"多米诺牌"和"支撑点"元件拖入舞台，分散到图层，分别以元件名将图层进行重命名。

（33）选中"多米诺牌"图层的第20帧，插入关键帧，将其落在跷跷板上，选中第1～20帧中间任意一帧创建传统补间，打开"补间动画"属性面板，设置旋转参数为"逆时针"旋转 1 次。选择第 25、30、34 帧，插入关键帧，在第 25 帧处向下并沿顺时针方向旋转 15 度，在第 30 帧处沿逆时针方向旋转 15 度，在第 34 帧处放平，并在两帧中间创建补间动画。在第 38、64 帧处插入关键帧，在第 64 帧处进行设置，第 1 帧和第 64 帧的效果分别如图 3-3-22 和图 3-3-23 所示。

图 3-3-22   图 3-3-23

（34）选中"跷跷板"和"蜡烛"图层的第 20、25、30、34 帧，插入关键帧，根据步骤（33）中的"多米诺牌"的设置来设置它们的动作，并在每两帧中间创建传统补间。在第 38、64 帧处插入关键帧，在第 64 帧处进行设置，将多米诺牌掉在跷跷板上，镜头元件工作区的所有帧延伸至第 103 帧，如图 3-3-24 所示。

图 3-3-24

（35）打开"库"面板，新建文件夹，命名为"落到跷跷板上动画镜头"，将相关的元件和动画拖到文件夹中。

（36）新建名为"单个礼花动画"的图形元件，将图层 1 命名为"礼花图形"，选中第 14 帧，将库中的"礼花"元件拖入舞台，选中第 35 帧，插入帧。在"礼花图形"图层的下面新建名为"遮罩"的图层，选中第 14 帧，将库面板中的"礼花 mask"元件拖入舞台，并将其位置调整到礼花中心，选中第 29、35 帧，插入关键帧，在第 29 帧处将其大小调整为与礼花大小相同，在第 35 帧处将其大小调整为第 29 帧时的 2 倍，透明度设为 0%。在第 14～29、29～35 帧中间分别创建传统补间。选中"礼花图形"层，单击鼠标右键，在弹出的快捷菜单中选择"遮罩层"命令。其时间轴如图 3-3-25 所示。

（37）新建名称为"礼花动画总"的图形元件，在打开的工作区中，将库中的"单个礼花动画"元件拖入舞台，打开"属性"面板，单击"色彩效果"延伸面板，在"样式"下拉列表框中选择"色调"选项，并将其设为"黄色"，如图 3-3-26 所示。多复制几个元件分散到各个图层，并调整其颜色和开始播放时间。

图 3-3-25

图 3-3-26

（38）新建名称为"放烟花总动画"的图形元件，导入"背景 8.jpg"，转换为图形元件，新建"老人拉车"图层，将库中的"老人拉车"元件拖入舞台，选择素材文件夹中的素材"老人拉车 .png"导入到舞台中，将库中的"礼花动画总"元件拖入舞台中，并分散到各个图层以其对应的名字命名。

（39）选中"老人拉车"图层，按 F8 键将其转换为元件，在打开的"转换为元件"对话框中将其名称设置为"老人拉车总"影片剪辑元件。在元件编辑窗口中，将第 1 帧移至左上角，按住 Ctrl 键选中第 31、32、65 帧插入关键帧，设置第 31 帧"老人拉车"向右上角移动，在第 1 ～ 31 帧之间创建传统补间动画。设置第 32 帧"老人拉车"做"水平翻转"移动到右下角，设置第 65 帧"老人拉车"向左上角移动，在两个关键帧之间创建传统补间动画。

（40）打开"库"面板，单击左下角的新建文件夹，命名为"礼花动画镜头"，将相关元件拖入文件夹中。

（41）新建名称为"圣诞帽运动动画"的图形元件，将库中的"圣诞帽"元件拖入舞台，放置在舞台左侧，逆时针旋转 30°。在第 7、12、16、18、20 帧处插入关键帧，在第 7 帧处将帽子移到舞台中央，在第 12 帧处，将帽子在原处顺时针旋转 30°并压扁，在第 18 帧处将圣诞帽向上拉伸一点。分别在第 1 ～ 7、7 ～ 12、16 ～ 18、18 ～ 20 帧之间创建传统补间，并延长至第 795 帧。

（42）新建名称为"烟雾动画"的图形元件，将库中的"烟雾"元件拖入舞台，在第 17 帧处插入关键帧，将其切割成若干块向外移动，并将其颜色填充的"Alpha"值设为 0%，并创建补间形状。

（43）新建名称为"字动画"的图形元件，新建 3 个图层，分别命名为"恭喜您"、"merry christmas"和"祝大家圣诞快乐"，使用文本工具分别在 3 个图层中输入文字"恭喜您"、"merry christmas"和"祝大家圣诞快乐"，并转换为同名的影片剪辑元件。

（44）将"merry christmas"图层的第 1 帧移到第 32 帧处，并做从舞台外到舞台的落下动画。插入若干关键帧，打开"属性"面板，单击"滤镜"下拉按钮，添加"发光"滤镜，并改变每帧发光的颜色。

（45）将"祝大家圣诞快乐"图层的第 1 帧移到第 20 帧处，做淡入动画并插入若干关键帧，添加"发光"滤镜，改变每帧发光的颜色。

（46）选中"恭喜您"图层的第 4、14、19 帧，插入关键帧，为第 1 帧添加模糊和发光滤镜，将模糊值设为 100。设置第 4、14 帧的发光值，并改变每帧发光的颜色。设置第 19 帧向下移动舞台。在第 1～4 帧、第 14～19 帧之间创建传统补间。选中"字动画"元件中所有帧，延伸至第 379 帧，帧效果如图 3-3-27 所示。

图 3-3-27

（47）新建名称为"圣诞老人发礼物动画总和"的图形元件，将图层 1 重命名为"背景"，将库中的"背景 8"元件拖入舞台中。新建名称为"圣诞老人"的图层，将库中的"圣诞老人"元件拖入舞台中央。使用任意变形工具修改其变形中心点，选择第 10、12、17 帧，插入关键帧，在第 1 帧处将圣诞老人移到舞台外面，在第 12 帧处向下压扁，并在第 1～12 帧创建传统补间，选中第 126、130、139 帧插入关键帧，将第 130 帧处向上移几个像素做下落前的准备。将第 1 帧选中复制给第 139 帧，并分别在第 1～10、10～12、12～16、126～130、130～139 帧之间创建传统补间。

（48）新建名称为"运动帽子 1"的图层，在第 19 帧处插入关键帧，将库中的"圣诞帽运动动画"元件拖入舞台，放在舞台左上角。再新建两个图层，分别命名为"运动帽子 2"和"运动帽子 3"，分别在第 30、39 帧处插入关键帧，将"运动帽子 1"图层中的帧粘贴到此两帧，如图 3-3-28 所示。

图 3-3-28

（49）选中这 3 层的第 57、61、66、71、77、84 帧，插入关键帧，做交换运动（效果自己随意设置，但在最后还要回到原先的位置）。

（50）选中"运动帽子 1"图层，在第 99 帧处插入关键帧，打开"属性"面板，单击

"色彩效果"延伸面板，在"样式"下拉列表框中选择"Alpha"选项，将其值设为 0%，并创建传统补间。

（51）选中"运动帽子 2"和"运动帽子 3"图层，在第 100、103、106 帧处插入关键帧，做步骤（49）中的交换效果。

（52）选中"运动帽子 2"图层的第 106 帧，将帽子移到托盘的左边，在第 116 帧插入关键帧，打开"属性"面板，单击"色彩效果"延伸面板，在"样式"下拉列表框中选择"Alpha"选项，将其值设为 0%，并创建传统补间。

（53）选中"运动帽子 3"图层，在第 117 帧和第 125 帧插入关键帧，在第 125 帧将帽子放大并放在托盘的中间位置，其时间轴效果如图 3-3-29 所示。

图 3-3-29

（54）新建名称为"烟雾"的图层，放在"运动帽子 1"图层的下面，选中第 84 帧插入关键帧，将库中的"烟雾动画"拖入舞台，与"运动帽子 1"放在同一个位置，并延伸至第 99 帧。在第 100 帧处插入空白关键帧。在第 106 帧处插入关键帧，按上面的方法将烟雾放在"运动帽子 2"图层同一个位置，选中第 117 帧，插入空白关键帧，如图 3-3-30 所示。

图 3-3-30

（55）选中"背景"图层，在第 139 帧插入关键帧，打开"属性"面板，单击"交换元件"按钮，将"放烟花动画总"影片剪辑元件选中，单击"确定"按钮，并延伸至第 320 帧。

（56）新建名称为"字"的图层，选中第 126 帧插入关键帧，将库中的"字动画"元件拖入舞台的中央位置。

（57）打开"库"面板，新建文件夹，命名为"老人发礼物镜头"，将相关元件拖到文件夹中。

（58）制作总镜头。新建名称为"镜头总"的图形元件，将库中的"开头动画"元件拖到舞台并对齐。在第 38 帧处插入关键帧，将库中的"中间动画"图形元件拖入舞台中并对齐，在第 79 帧处插入关键帧，将库中的"碰前镜头 1"图形元件拖入舞台中并对齐，在第 103 帧处插入关键帧，将库中的"碰前镜头 2"图形元件拖入舞台中并对齐。

（59）选中第 104 帧，插入关键帧，将库中的"球碰到多米诺牌动画"图形元件拖入舞台，并延伸到 122 帧。选中第 123 帧，插入空白关键帧，将库中的"多米诺牌动画"拖入舞台，并延伸到第 147 帧。选中第 148 帧，插入空白关键帧，将库中的"多米诺牌到悬崖"图形元件拖入舞台，并延伸到第 158 帧。选中第 159 帧，插入空白关键帧，将库中的"多米诺牌落入悬崖"图形元件插入舞台，并延伸到第 179 帧。

（60）选中第 180 帧，插入空白关键帧，将库中的"多米诺牌掉在跷跷板上镜头"元件插入舞台，选中第 214、220 帧插入关键帧，并做好第 214 帧到第 220 帧镜头放大的动作，并延伸到第 280 帧。

（61）回到主场景中，将库中的"镜头总"拖入舞台并对齐，并将其延伸到第 280 帧，将图层名称命名为"镜头总"。

（62）新建"镜头 2"图层，选中第 281 帧插入关键帧，将"放烟花动画总"元件拖入舞台并对齐，并将其延伸到第 410 帧。选中第 411 帧插入空白关键帧，将"圣诞老人发礼物动画总合"元件拖入舞台并对齐，并将其延伸到第 730 帧。

（63）新建"雪花"图层，将库中的"下雪总动画"元件拖入舞台放在上方，并延伸到第 730 帧。

（64）打开本项目对应的素材文件夹中的音乐文件"音乐.fla"，返回到圣诞贺卡的场景 2 中，单击"新建"按钮，新建"背景音乐"图层，在库面板中选择"音乐.fla"文件，将"背景音乐"影片剪辑元件拖入舞台中并延伸到 401 帧。

（65）新建"特效音乐"图层，选中第 13 帧插入关键帧，将"音乐.fla"的库面板中的"跳飞.mp3"拖入舞台中，并选中第 29 帧插入空白关键帧。选中第 114 帧，插入空白关键帧，将"音乐.fla"的库面板中的"空间.mp3"拖入舞台中。选中第 170 帧，插入空白关键帧，将"音乐.fla"的库面板中的"落下.mp3"拖入舞台中。

（66）新建"特效音乐 2"图层，选中第 13 帧插入关键帧，将"音乐.fla"的库面板中的"滑雪.mp3"拖入舞台中，选中第 118 帧插入空白关键帧。选中第 199 帧插入空白关键帧，将"音乐.fla"的库面板中的"音乐 5"影片剪辑元件拖入舞台中，选中第 229 帧，插入空白关键帧。选中第 280 帧，插入空白关键帧，将"音乐.fla"的库面板中的"音乐 2"影片剪辑元件拖入舞台中，并延伸至第 401 帧。

（67）在库面板中，双击"圣诞老人发礼物动画总合"元件，进入其元件编辑窗口。新建"音乐 1"图层，选中第 10 帧，将"音乐.fla"的库面板中的"du.mp3"拖入舞台中，选中第 22、34、44 帧插入关键帧，将"音乐.fla"的库面板中的"幽默.mp3"拖入。选中第 57 帧插入关键帧，将"音乐.fla"的库面板中的"幽默.mp3"拖入舞台中，并设置重复次数为 8。在第 84 帧处插入关键帧，将"音乐.fla"的库面板中的"o.mp3"拖入舞台中。在第 100 帧处插入关键帧，将"音乐.fla"的库面板中的"幽默.mp3"拖入舞台中，并设置重复次数为 2。选中第 106 帧插入关键帧，将"音乐.fla"的库面板中的"o.mp3"拖入舞台中。选中第 117 帧插入关键帧，将"音乐.fla"的库面板中的"空间.mp3"拖入舞台中。在第 126 帧处插入关键帧，将"音乐.fla"的库面板中的"背景音乐"影片剪辑元件拖入舞台中，并延伸至第 320 帧。

（68）新建"音乐 2"图层，选中第 144 帧插入关键帧，将"音乐 .fla"的库面板中的"音乐 2"影片剪辑元件拖入舞台中，并延伸到第 320 帧。

（69）打开"库"面板，新建"声音"文件夹，将刚才导入的所有音乐文件拖入到文件夹中。

3.3.4   知识点总结

在动画的制作过程中往往会碰到像多米诺骨牌式的动画设置，如本任务中的"多米诺骨牌动画"的设置，利用的是先整体后局部的方法，主要是动用了开始播放时间的不一样从而达到很强的视觉效果。多米诺骨牌式动画常常运用在字体效果、某些涟漪动画的制作上等。下面以一段文字为例，具体地讲解实现多米诺骨牌式动画的方法。

（1）使用文本工具，输入"祝大家圣诞快乐"。

（2）按 F8 键将其转换为名为"祝大家圣诞快乐"的影片剪辑元件。

（3）双击舞台上的"祝大家圣诞快乐"元件实例，按 Ctrl+B 组合键将其打散，选中"祝"字，将其转换为名为"祝"的图形元件，同样方法将其他文字分别转换为图形元件。

（4）进入"祝大家圣诞快乐"元件，全选舞台上的元件，单击鼠标右键，在弹出的快捷菜单中选择"分散到图层"命令，分别用各自的元件的名称命名各个图层。

（5）拖动鼠标选中所有图层的第 10 帧，按 F6 键插入关键帧，选中所有图层的第 40 帧，按 F5 键插入帧。

（6）把红色插入头放在第 1 帧上，全选舞台上的元件实例，打开"属性"面板，单击"色彩效果"延伸面板，在"样式"下拉列表框中选择"Alpha"，设为 0%。选中"祝"图层的第 1 帧，按 Ctrl+Alt+S 组合键，打开"缩放和旋转"面板，将缩放设为 200。同样方法对其他图层的第 1 帧进行缩放设置。选中所有图层的第 1 ～ 10 帧之间的一帧，单击鼠标右键，在弹出的快捷菜单中选择"创建传统补间动画"命令。

（7）选中"大"图层的第 1 ～ 10 帧，并往后拖，使第 1 帧的位置在第 4 帧处。用同样方法对其他图层的起始位置进行修改，使其第 1 帧分别在第 7、10、13、16、19 帧处。

ActionScript 3.0 脚本语言

ActionScript 3.0 代码执行速度比前几个版本的语言要快很多，使得 Flash 可以创建高性能的游戏、仿真、三维界面等应用；而且，ActionScript 3.0 拥有更合理的语法，不论是哪种类型的事件，侦听和响应事件都只有一种方法。本项目将通过 3 个任务介绍 ActionScript 3.0 脚本语言的基础应用，帮助读者了解使用 ActionScript 3.0 代码创建动画的流程和技巧。

4.1 任务 1——使用事件和函数

在 ActionScript 3.0 中，当发生某个事件时，需要对事件做出响应，但绝大多数事件不会自动触发，需要使用代码来侦听并响应这些事件。本任务将首先介绍向 Flash 时间轴添加代码控制动画播放的一些技术和核心的编程概念；接着介绍导航时间轴响应单击按钮事件的方法，理解如何使用 ActionScript 3.0 事件模型创建交互应用。

4.1.1 实例效果预览

本节实例效果如图 4-1-1 所示。

图 4-1-1

4.1.2　技能应用分析

1．通过"动作"面板向时间轴添加 ActionScript 代码。

2．向时间轴上的帧添加标签。

3．使用事件侦听器侦听鼠标事件。

4．编写事件处理函数响应鼠标事件。

4.1.3　制作步骤解析

（1）打开配套光盘中的 jump.fla 文件，如图 4-1-2 所示，该文件中包含多个图层、图像和动画。

图 4-1-2

（2）现在我们来学习标签在动画跳转中的应用，首先新建一个图层，命名为"标签"。然后在该图层的第 2 帧处按 F6 键插入一个关键帧，在"属性"面板"标签"栏的"名称"字段输入"loop"，按 Enter 键确认，此时在该层第 2 帧的位置会显示标签名称"loop"，旁边有一个小红旗的标志。依照此方法，在该层第 50 帧添加标签"home"，如图 4-1-3 所示。

图 4-1-3

（3）再次新建一个图层，命名为"代码"，在该层的第 30 帧处按 F6 键插入一个关键帧，然后，在选中该关键帧的情况下，展开"动作"面板，输入代码"gotoAndPlay("loop ");"如图 4-1-4 所示。此时按 Ctrl+Enter 组合键测试影片，会看到前 30 帧动画循环播放的效果。

图 4-1-4

（4）编写代码控制循环播放的次数，此时需要用一个变量来保存循环的次数。在 ActionScript3.0 中创建变量，可以输入 var，然后输入变量名称。因此，首先要选中代码图层的第 1 帧，在"动作"面板上输入代码"var count:Number = 1;"，如图 4-1-5 所示。

图 4-1-5

（5）为了统计动画循环播放的次数，需要在每次动画完成后将变量 count 的值增加 1。因此，选中第 30 帧上的关键帧，在"动作"面板上输入代码"count++;"，如图 4-1-6 所示。

图 4-1-6

（6）此时按 Ctrl+Enter 组合键测试影片，能够看到动画循环播放的效果，却没有动画循环次数的反馈，因此，我们要使用一个文本字段添加反馈信息。选中"文字"图层的第 1 帧，然后单击场景中的文本字段，注意在"属性"面板中，该文本字段是动态的，且被命名为 info_txt，如图 4-1-7 所示。

（7）在"代码"图层的第 2 帧处按 F6 键插入一个关键帧，在"动作"面板上输入代码"info_txt.text = String(count);"，此时，按 Ctrl+Enter 组合键测试影片，文本字段开始从数字 1 计数，每次动画循环之后会增加 1，如图 4-1-8 所示。

图 4-1-7

图 4-1-8

（8）此时的动画效果还是循环播放前 30 帧的内容，为了在变量 count 的值到达一个数值时，使动画跳转到第 50 帧，可以在代码中添加条件语句。比如当 count 的值超过 4 时，动画跳转到标签"home"处。选择"代码"图层的第 30 帧，展开"动作"面板，将原有的代码修改为：

```
if(count > 4) {
    gotoAndStop( "home" );
    } else {
    gotoAndPlay( "loop" );
    }
    count++;
```

（9）如图 4-1-9 所示。每当动画播放结束时，条件语句会检查 count 的值是否已经超过 4，在播放前 4 次动画时，条件判断不是真，跳转到标签"loop"处，并重新播放动画；在播放第 5 次动画时，条件为真，因此将跳转到标签"home"处。

图 4-1-9

（10）添加标签"home"帧处的文本信息。在"代码"图层的第 50 帧按 F6 键插入一个关键帧，在"动作"面板上输入代码"info_txt.text ="欢迎浏览招生信息网";"，如图 4-1-10 所示。

图 4-1-10

（11）此时，按 Ctrl+Enter 组合键测试影片，当文本字段计数器增加到 5 时，时间轴跳转到标签"home"处，并显示更新后的文字，如图 4-1-11 所示。

（12）使用事件侦听器侦听鼠标事件，并作出响应。在时间轴"文字"图层上面，新建一个图层，命名为"按钮"，并在该图层的第 2 帧按 F6 键添加一个关键帧，接着执行"窗口"→"组件"命令，从"组件"面板的 User Interface 列表中，拖动两个 Button 组件的实例，将它们放在场景的右下角，如图 4-1-12 所示。

图 4-1-11

图 4-1-12

（13）选择这两个按钮中的第一个按钮，在"属性"面板上设置其实例名称为 info_btn，接着展开"属性"面板的"组件参数"选项，将 label 属性值设置为"招生信息"，如图 4-1-13 所示；选择第二个按钮，在"属性"面板上设置其实例名称为 web_btn，展开"组件参数"选项，将 label 属性值设置为"学院网站"，如图 4-1-14 所示。

图 4-1-13　　　　　　　　　　　　　　　图 4-1-14

（14）添加函数来响应按钮单击。选择"代码"图层的第 2 帧，在"动作"面板现有代码之下，添加如下代码，为两个按钮添加事件侦听器，如图 4-1-15 所示。

```
info_btn.addEventListener(MouseEvent.CLICK, goinfo);
web_btn.addEventListener(MouseEvent.CLICK, goweb);
```

（15）添加完这些侦听器后，当单击按钮时，会调用相应的函数。因此，需要添加这两个函数及其相应的功能。在第 2 帧现有代码之下，添加如下代码：

```
function goinfo(e:MouseEvent):void {
    gotoAndStop("home");
}
```

当调用 goinfo() 函数时，大括号中的所有代码都会被执行，即当用户单击"动画重播"按钮时，该函数会将影片运行到时间轴的 home 帧。

（16）现在创建函数 goweb()，继续添加如下代码：

```
function goweb(e:MouseEvent):void {
    navigateToURL(new URLRequest("http://www.jyvtc.com"));
}
```

在 ActionScript 3.0 中，URL 的引用保存在 URLRequest 对象中，因此，该函数通过调用 navigateToURL() 方法将影片导航到 URLRequest 对象指定的一个 URL 地址，即可浏览相应的网站，如图 4-1-16 所示。

图 4-1-15　　　　　　　　　　　　　　　图 4-1-16

（17）在"按钮"图层的第 50 帧处按 F6 键插入一个关键帧，接着单击选中"招生信息"按钮，在"属性"面板上设置其实例名称为 rep_btn，展开"属性"面板的"组件参数"选项，将 label 属性值更改为"动画重播"，如图 4-1-17 所示。

（18）为该按钮添加函数来响应鼠标单击。选择"代码"图层的第 50 帧，在"动作"面板现有代码之下，添加如下代码，为这个按钮添加事件侦听器，如图 4-1-18 所示。

该代码添加一个侦听器来侦听"动画重播"按钮，并添加一个函数来响应该事件，回到动画的开始，并重置计数器为 1。因为 count 是跟踪动画播放次数的变量，因此设置其值为 1，就可使动画从初始设置播放。

（19）保存影片，按 Ctrl+Enter 组合键测试影片，单击相应的按钮，即可实现动画的跳转和打开指定的 URL 地址。

图 4-1-17

图 4-1-18

4.1.4　知识点总结

1. 标签的应用

标签用来标记一些关键的位置，可以向任意时间轴上任意关键帧添加标签。添加标签时，要在"属性"面板上"标签"栏输入相应的名称，使用标签跳转的相关代码为：

```
gotoAndPlay("标签名称");
```

2. 变量及数据类型

在 ActionScript 3.0 中创建变量所使用的语法为：

```
var 变量名：类型 = 初始值；
```

比如：

```
var count:Number=1;
```

关键字 var 表示要创建一个新的变量，count 为变量的名称，在对变量命名时，可以使用字母、数字、下划线、横线、美元符号（$），变量名不能有空格，不能以数字开头。

变量名后的冒号表示该变量保存的数据是何种类型，一般常用的有如下 4 种。

- Number：数值类型。例如，mynum=2，mynum 就是数值，可以用数学运算符号对它们进行运算。
- String：字符串值类型。例如，mytext="f4"，mytext 就是字符串，字符串就是由字符组成的序列，赋值时必须放在双引号之间。
- Boolean：逻辑值类型。例如，mypass=false，mypass 就是逻辑值假，逻辑值只有两个值，一个是 true；一个是 false。
- MovieClip：影片剪辑类型。是 Flash 中唯一引用图形元素的数据类型。MovieClip 数据类型允许使用 MovieClip 类中的属性和方法控制影片剪辑实例，可以使用"."来调用这些属性和方法。

3. 文本属性

使用文本工具创建文本字段时，在"属性"面板中可以设置成"静态文本"、"动态文本"和"输入文本"，其中，"静态文本"只能用于显示，而其他的两种类型都可以通过代码控制其属性。比如本实例中用到的代码"info_txt.text = String(count);"，表示名为 info_txt 的文本字段的 text 属性被设置为变量 count 的值，但由于文本字段只能保存类型为 String 的字符串数据，而变量 count 被定义为 Number 数值类型，因此，需要使用 String() 函数将 count 变量转换为文本字符串。

4. 条件语句

条件语句是交互功能的一个部分，可以使 Flash 项目在不同条件下做出不同的反应。其语法结构为：

```
if ( 条件 ){
满足条件时执行的语句 ;}
else{
不满足条件时执行的语句 ;}
```

5. 创建事件侦听器和事件处理函数

在 ActionScript 中侦听和响应事件发生在两个部分的代码中，一个代码，称为 addEventListener() 方法，侦听特定对象的特定事件；另一个代码，称为事件处理器函数，响应事件的发生。其语法格式为：

```
事件发送者 .addEventListener( 事件类型 , 侦听器 );
```

事件发送者即为对象的实例名称；事件类型包括事件类名和子事件名，中间以点分开；侦听器即为要调用的函数名称。

比如对于本任务中的"动画重播"按钮来说，其实例名称为 rep_btn，需要侦听鼠标单击事件，鼠标每单击一次，就要调用使动画重新播放的函数 goreplay ()，其代码如下：

```
rep_btn.addEventListener(MouseEvent.CLICK, goreplay);
```

addEventListener() 方法表示开始侦听特定事件，一旦调用 addEventListener，就会一直侦听，直到被删除。该方法圆括号里的第一个参数表示要侦听的事件，第二个参数是事件发生时要执行的函数名称。

对于鼠标事件常用的侦听事件有 ROLL_OVER、ROLL_OUT、CLICK，分别对应鼠标经过、鼠标离开、鼠标单击动作。

函数名命名的原则与变量的命名规则相同，创建侦听器函数的语法格式如下：

```
function 侦听器名称 (e: 事件类型 ):void
{
命令语句
}
```

创建函数时，总是以小写字母的单词 function 开始，然后才是函数的名称，接着是一对圆括号，里面是触发函数的事件，圆括号之后是冒号，然后是函数返回的数据类型。其中，void 表示该函数不需要返回数据。接着是一对大括号，里面包含了每当事件触发该函数时所执行的所有代码。

比如本任务中的"动画重播"按钮，当触发鼠标单击事件时，就要执行 goreplay() 函数：

```
function goreplay(e:MouseEvent):void {
    gotoAndPlay( "loop" );
    count=1;
}
```

4.2 任务 2——使用 ActionScript 创建动画

通过学习使用 ActionScript 控制动画，可以创建具有交互性和易受控制的动画，这是多数游戏开发的本质，也会使制作的动画效果更加丰富和绚丽。本任务主要掌握添加事件侦听器和函数响应鼠标单击事件，并使用 ActionScript 更改影片剪辑的属性，使用按钮控制属性的变化，使用 Tween（补间）类控制影片剪辑的动画属性。

4.2.1 实例效果预览

本节实例效果如图 4-2-1 所示。

图 4-2-1

4.2.2 技能应用分析

1．使用 ENTER_FRAME 事件控制影片剪辑的属性创建动画。

2．使用条件语句检测场景边界。

3．使用变量保存影片剪辑的引用。

4．使用缓动创建动画效果。

4.2.3 制作步骤解析

（1）打开素材文件夹中的 instr.fla 文件，在"星形"图层上有一个五角星的影片剪辑，其实例名称为 star_mc；在"乐器"图层上有 4 个乐器的影片剪辑，其实例名称分别为 violin、trumpet、banjo 和 glock；在"文本"图层上有一个动态文本字段，其实例名称为 instr_txt；在"按钮"和图层上共有7个按钮，分别有对应的实例名称，如图4-2-2所示。

图 4-2-2

（2）选中"代码"图层的第 1 帧，在"动作"面板上输入如下代码：

```
star_mc.addEventListener(MouseEvent.CLICK,rotateStar);
function rotateStar(e:MouseEvent):void {
star_mc.rotation += 5;}
```

此时，按 Ctrl+Enter 组合键测试影片，用鼠标每单击一次星星，它都会额外多旋转 5 度，如图 4-2-3 所示。在该代码中应用到了事件侦听器、函数的应用，以及影片剪辑属性的更改方法，相关应用方法和要点请参阅本任务后的知识点总结。

图 4-2-3

（3）使用 ENTER_FRAME 事件来控制星星的水平位置。选中"代码"图层的第 1 帧，在"动作"面板现有代码的下面添加如下代码：

```
addEventListener(Event.ENTER_FRAME, starMove);
function starMove(e:Event):void {
star_mc.x += 2;}
```

如图 4-2-4 所示。此时测试影片，星星慢慢从左向右移动，并且每单击星星一次就会旋转 5 度。

图 4-2-4

（4）此时，当影片播放时，星星会一直向右移动，为了使星星能够一直在场景边界内，可以使用条件语句检测星星是否已经超出右边界。因此，可将步骤（3）中的代码修改为：

```
addEventListener(Event.ENTER_FRAME, starMove);
function starMove(e:Event):void {
    if (star_mc.x < stage.stageWidth){
        star_mc.x += 2;
    } else {
        star_mc.x = 0;}
}
```

如图 4-2-5 所示。此时测试影片，星星会在场景内向右移动，一旦条件语句检测到星星的水平位置大于 stageWidth，星星就会反向向左移动。

图 4-2-5

（5）创建代码来控制用户选择的乐器属性，首先需要创建一个变量来跟踪用户所单击的乐器。在"代码"图层第 1 帧的现有代码下面，添加如下代码，创建一个变量 instr，如图 4-2-6 所示。

```
var instr:MovieClip = banjo;
```

该变量的数据类型为 MovieClip，表示变量的值保存了影片剪辑的引用，其初始值在这里设置为了 banjo，也可以根据个人喜好设置为其他的影片剪辑名称。

图 4-2-6

（6）为了能够反馈给用户一些提示信息，可设置 instr_txt 实例中动态文本字段的 text 属性。在"动作"面板现有代码之下，添加如下代码：

```
instr_txt.text = "当前所选乐器为班卓琴。";
```

（7）给这 4 个乐器影片剪辑添加侦听器和函数，并在动态文本框中反馈出相应的信息。在现有代码之下，添加如下侦听器和函数，如图 4-2-7 所示。

```
violin.addEventListener(MouseEvent.CLICK,onViolin);
banjo.addEventListener(MouseEvent.CLICK,onBanjo);
trumpet.addEventListener(MouseEvent.CLICK,onTrumpet);
glock.addEventListener(MouseEvent.CLICK,onGlock);
function onViolin(e:MouseEvent):void {
    instr = violin;
    instr_txt.text = " 当前所选乐器为小提琴。";
}
function onTrumpet(e:MouseEvent):void {
    instr = trumpet;
    instr_txt.text = " 当前所选乐器为小号。";
}
function onBanjo(e:MouseEvent):void {
    instr = banjo;
    instr_txt.text = " 当前所选乐器为班卓琴。";
}
function onGlock(e:MouseEvent):void {
    instr = glock;
    instr_txt.text = " 当前所选乐器为铁琴。";
}
```

图 4-2-7

（8）按 Ctrl+Enter 组合键，测试影片，当单击任意一个乐器，场景上的文字都会有变化，表示所选择的乐器。下面将使用 instr 变量的值来控制场景底部的按钮，控制每个乐器影片剪辑的缩放、显示、隐藏等属性。

（9）为场景底部的每个按钮添加一个事件侦听器，来侦听鼠标单击 CLICK 事件。在"动作"面板第 1 帧的现有代码之下，添加如下代码，如图 4-2-8 所示。

```
grow_btn.addEventListener(MouseEvent.CLICK, grow);
shrink_btn.addEventListener(MouseEvent.CLICK, shrink);
rotate_btn.addEventListener(MouseEvent.CLICK, rotate);
hide_btn.addEventListener(MouseEvent.CLICK, hideClip);
```

```
show_btn.addEventListener(MouseEvent.CLICK,showClip);
fadeOut_btn.addEventListener(MouseEvent.CLICK,fadeOut);
fadeIn_btn.addEventListener(MouseEvent.CLICK,fadeIn);
```

图 4-2-8

（10）为每个按钮的侦听器添加一个响应函数。先来添加 grow( ) 函数，当每次单击"放大"按钮时，所选中的乐器增大 10%。在现有代码之下添加如下代码：

```
function grow(e:MouseEvent):void {
    instr.scaleX+= .1;
    instr.scaleY+= .1;
}
```

添加 shrink() 函数，当每次单击"缩小"按钮时，所选中的乐器缩小 10%，相应代码为：

```
function shrink (e:MouseEvent):void {
    instr.scaleX-= .1;
    instr.scaleY-= .1;
}
```

添加 rotate() 函数，当每次单击"旋转"按钮时，所选中的乐器旋转 5%：

```
function rotate (e:MouseEvent):void {
    instr.rotation+= 5;
}
```

添加 hideClip() 函数，当每次单击"隐藏"按钮时，所选中的乐器隐藏起来：

```
function hideClip (e:MouseEvent):void {
    instr.visible= false;
}
```

添加 showClip() 函数，当每次单击"显示"按钮时，所选中的乐器重新显示出来：

```
function showClip (e:MouseEvent):void {
    instr.visible= true;
}
```

添加 fadeOut() 函数，当每次单击"渐隐"按钮时，所选中的乐器不透明度为 50%：

```
function fadeOut (e:MouseEvent):void {
    instr.alpha= .5;
}
```

添加 fadeIn() 函数，当每次单击"渐显"按钮时，所选中的乐器不透明度为 100%：

```
function fadeln (e:MouseEvent):void {
    instr.alpha= 1;
}
```

（11）按 Ctrl+Enter 组合键测试影片，尝试选择不同的乐器，并分别单击场景下面的按钮，即可查看到更改属性的效果，如图 4-2-9 所示。

图 4-2-9

（12）使用 ActionScript 补间来创建动画，相对于时间轴，使用代码创建补间的主要优势是可以创建出更加丰富和更多交互性的动画。有关补间的引用、语法及缓动类的介绍请参阅本任务之后的知识点总结。

（13）之前所使用的 ActionScript 都属于内置 Flash 类，这些类无需导入，就可以在 Flash 时间轴上使用。但是，补间和缓动类必须使用 import 语句导入到项目中，才可以被 Flash 文件中 ActionScript 所使用。因此，在时间轴的第 1 帧，展开"动作"面板，在现有代码之前，从第一行开始，添加如下代码，导入 Tween 补间和缓动类，如图 4-2-10 所示。

```
import fl.transitions.Tween;
import fl.transitions.easing.*;
```

图 4-2-10

（14）在这个文件中可以使用 Tween 类以及所有缓动类，下面将添加第一个

ActionScript 补间。首先修改之前创建的 grow() 函数，将其代码修改为：

```
function grow(e:MouseEvent):void {
    var growX:Tween = new Tween(instr, "scaleX", Elastic.easeOut, .2, 2, 3, true);
    var growY:Tween = new Tween(instr, "scaleY", Elastic.easeOut, .2, 2, 3, true);
}
```

此时，测试影片，选择一个乐器后，单击"放大"按钮，grow( ) 函数将在 3 秒之内将所选中的乐器从原来的 20% 大小逐渐放大到 200%，而且会在补间的末端创建有弹性的效果，如图 4-2-11 所示。

图 4-2-11

（15）修改函数 shrink( ) 的代码，使所选中的乐器在 3 秒之内从原来的 200% 大小逐渐缩小到 50%，而且会在补间的末端创建有弹性的效果，如图 4-2-12 所示。

```
function shrink(e:MouseEvent):void{
    var shrinkX:Tween = new Tween(instr, "scaleX", Elastic.easeOut, 2, .5, 3, true);
    var shrinkY:Tween = new Tween(instr, "scaleY", Elastic.easeOut, 2, .5, 3, true);
}
```

图 4-2-12

（16）修改 rotate( ) 函数，所选中的乐器在 5 秒之内完成一个完整的旋转动画，而且会在补间的末端创建有弹性的效果，如图 4-2-13 所示。

```
function rotate(e:MouseEvent):void {
    var spin:Tween = new Tween(instru, "rotation", Elastic.easeOut, 0, 360, 5, true)
}
```

图 4-2-13

（17）分别修改 fadeOut()、fadeIn() 函数的代码，使所选中的乐器在规定时间内逐渐
显示或隐藏，如图 4-2-14 所示。

```
function fadeOut(e:MouseEvent):void {
    var tweenfadeOut:Tween = new Tween(instr, "alpha", None.easeOut, 1, 0, 3, true);
}
function fadeIn(e:MouseEvent):void {
    var tweenfadeIn:Tween = new Tween(instr, "alpha", None.easeIn, instr.alpha, 1, 3, true);
}
```

图 4-2-14

（18）保存并测试影片，选择不同的乐器，并尝试单击场景下面的按钮，可以感受到
补间和缓动类带给我们丰富的交互动画。

4.2.4 知识点总结

1. 使用 ActionScript 控制影片剪辑属性

更改影片剪辑属性的基本语法是输入影片剪辑的实例名称，然后是点号，接着是要修
改的属性名称，接着是等号，最后是新值，如下所示：

实例名称 . 属性名称 = 值；

例如，有一个名称为 clip1 的影片剪辑，如果想将它旋转 90 度，相应的代码为：

clip1.rotation=90;

常见的一些属性及其范围如表 4-1 所示。

表 4-1　常见属性及其范围

属　　性	值	说　　明
x	−∞ ～ +∞	水平位置
y	−∞ ～ +∞	垂直位置
rotation	−180° ～ +180°	旋　转
alpha	0 ～ 1（0= 透明，1= 不透明）	透明度
scaleX	−∞ ～ +∞	水平缩放
scaleY	−∞ ～ +∞	垂直缩放
visible	true（可见）或 false（不可见）	可见性

2. ActionScript 3.0 中的缓动类

缓动是一种加速或减速动画起始或结束速度的技术，ActionScript 提供了多个内置的缓动类，用于提供多种速度的缓动效果，在这里重点介绍常用缓动类（Easing 类）的几种方法。

（1）Back 类：运动折返效果，实现的动画是在动画执行的开始端、结束端或者两端兼有回返动作，用以模拟溢出动画效果。执行动画的方法取决于以下 3 个缓动函数。

- easeIn( )：在动画开始时往后运动，然后反向朝目标移动。
- easeOut( )：在动画结束时稍微冲过结束点，然后倒转方向回来朝着目标。
- easeInOut( )：在动画开始时先向后运动，再倒转方向并朝目标移动，结束时冲过目标，然后再倒转方向，朝目标移动。

（2）Bounce 类：运动回弹效果，实现的动画是在动画的起始端、结束端或者两端兼有执行回弹动画效果。具体在何端回弹同样取决于 3 个缓动函数。回弹的次数取决于动画持续的时间，持续的时间越长，回弹的次数越多。此效果可以实现舞台中小球跳动的动画效果。Bounce 类的 3 个回弹函数如下。

- easeIn( )：在动画开始时以较慢速度开始回弹运动，然后再执行时加快运动速度。
- easeOut( )：在动画结束时以较快速度开始回弹运动，然后再执行时减慢运动速度。
- easeInOut( )：在动画开始时缓慢地开始跳动，进行加速运动，最后进行减速。

（3）Elastic 类：正弦弹性效果，实现的动画是在动画的起始端、结束端或者两端兼有执行弹性动画效果，运动方式按照正弦波逐渐衰减进行。具体在何端回弹同样取决于 3 个缓动函数。回弹的次数不受动画持续的时间影响。此效果也可以实现舞台中小球跳动的动画效果。此类和 Bounce 基本类似，区别在于弹性采用正弦方式。

- easeIn( )：在动画开始时以较慢速度开始回弹运动，然后再执行时加快运动速度。
- easeOut( )：在动画结束时以较快速度开始回弹运动，然后再执行时减慢运动速度。
- easeInOut( )：在动画开始时缓慢地开始跳动，进行加速运动，最后进行减速。

（4）Regular 类：缓冲运动效果，实现的动画是加速运动、减速运动和先加速后减速的动画效果。具体方式同样取决于 3 个缓动函数。

- easeIn( )：在动画开始时做初速度为零的加速运动。

- easeOut()：动画执行匀减速运动，末速度为零。
- easeInOut()：在动画开始时做初速度为零的加速运动，然后做减速运动，直到速度为零。

（5）Strong 类：强烈缓冲运动效果。此效果类似于 Regular 缓动类，3 个缓动函数也与 Regular 类相同，但效果会更强烈、更明显。

（6）None 类：线性运动效果，即无任何减速或加速效果的运动。其方法函数有 4 种 easeIn()、easeOut()、easeInOut() 和 easeNone()，这 4 种方法实现的是相同的效果，在执行时都是匀速直线运动，使用时可以任意选择。

3. Tween 类对象的创建方法

Tween 类补间有 6 个必要的参数和一个可选参数，其语法格式为：

Tween(目标对象 , 目标对象的属性 , 缓动方式 , 初始值 , 结束值 , 动画持续时间 , 计时方式 , trueorfalse);

第一个参数表示补间所应用的对象；第二个参数表示动画对象的属性值；第三个参数表示所使用的缓动类型；第四个参数是动画属性的起始值；第五个参数是动画属性的结束值；第六个参数是补间发生的时间长度，默认状态下，第六个参数的单位为毫秒，但是如果第七个可选参数为 true，则表示第六个参数的单位为秒，如果为 false，则表示单位为帧。

在 ActionScript 中，新补间的引用要保存在一个变量中，该变量的定义方法与之前介绍的变量定义规则相同，但是在赋初值的时候需要使用关键字 new 创建一个类的新实例，比如：场景上有一个影片剪辑实例名称为 rocket，想让它在 5 秒之内从场景的顶部（y=0）移动到场景的底部（y=400），可以创建如下补间：

var rocketTween:Tween=new Tween(rocket, "y" ,Elastic.easeOut,0,400,5,true);

4.3 任务 3——使用 ActionScript 和组件来加载内容

多数大型的 Flash 项目不是由单个的 Flash 文件组成，而是包含了很多 SWF 文件，并且支持在运行时加载内容和数据。本任务要使用用户界面组件创建 List 列表组件实例和自定义参数，当列表组件实例中的所选项目发生变化时，触发 ActionScript 事件侦听器，使用 UILoader 组件来控制加载和显示 SWF 文件及位图。

4.3.1 实例效果预览

本节实例效果如图 4-3-1 所示。

图 4-3-1

4.3.2 技能应用分析

1．使用 ActionScript 更改 UILoader 组件的源文件。

2．使用 URLLoader 类将外部文件的文本数据加载到 Flash 影片中。

3．添加事件侦听器来响应数据成功加载。

4．使用 UIScorllBar 组件创建滚动的文本字段。

4.3.3 制作步骤解析

（1）本任务要将多个文件集成到单个的 Flash 项目中，因此本任务提供的素材有图片、文本文件等。打开"素材"文件夹，里面包含有 images 文件夹、text 文件夹、swffile 文件夹和一个 gallery.fla 源文件。

（2）打开源文件 gallery.fla，里面只有一个背景图层，如图 4-3-2 所示。

（3）新建图层，命名为"缩略图"。执行"文件"→"导入"→"导入到库"命令，将 images 文件夹中的 7 张图片导入到库。然后依次将这 7 张图片拖入舞台，设置其宽度为 52，高度为 31.5。接着按照顺序将这 7 张图片从上到下左对齐排列，如图 4-3-3 所示。

图 4-3-2

图 4-3-3

（4）选中第一个缩略图，按 F8 键，在弹出的"转换为元件"窗口中，设置其"名称"为 tn1，"类型"为"按钮"，如图 4-3-4 所示。然后在"属性"面板上，设置其实例名称为 btn1，如图 4-3-5 所示。

图 4-3-4 · · · · · · · · · · · · · · · · · · 图 4-3-5

（5）依次选择其他的缩略图，按 F8 键，将其转换为按钮元件，名称依次为 tn2 ～ tn7，并在"属性"面板上设置其实例名称依次为 btn2 ～ btn7。

（6）用鼠标单击图层"缩略图"的第 1 帧，将这 7 个按钮元件同时选中，按 F8 键，在弹出的"转换为元件"窗口中，设置其"名称"为 thumbs，"类型"为"影片剪辑"，如图 4-3-6 所示。然后在"属性"面板上，设置其实例名称为 thumbs_mc，如图 4-3-7 所示。

图 4-3-6 · · · · · · · · · · · · · · · · · · 图 4-3-7

（7）新建图层，命名为"list 组件"，执行"窗口"→"组件"命令，打开"组件"面板，展开 User Interface 组，从中选择 List 组件。使用鼠标将 List 组件拖到场景上，创建一个组件实例，如图 4-3-8 所示。这个组件将作为加载外部 SWF 文件的列表。

（8）选中场景上的 List 组件，打开"属性"面板，设置该组件的实例名称为 loadList，效果如图 4-3-9 所示。

（9）在"属性"面板上，展开"组件参数"选项，如图 4-3-10 所示。设置 dataProvider 参数，单击该参数右边的铅笔按钮，在打开的窗口中填写列表项目和相关数据，如图 4-3-11 所示。

图 4-3-8　　　　　　　　　　　　　　　　　图 4-3-9

图 4-3-10　　　　　　　　　　　　　　　　图 4-3-11

（10）单击加号 5 次，添加 5 个列表项目。选中第一个列表项目的 label 参数，在右边的字段中输入"逐帧动画效果"，这是列表中第一个项目的标签。接着选中第一个列表项目的 data 参数，输入"swffile/run.swf"，如图 4-3-12 所示。

（11）将第二个列表项目的 label 参数设置为"补间动画效果"，data 参数赋值为"swffile/autumn.swf"；将第三个列表项目的 label 参数设置为"引导动画效果"，data 参数赋值为"swffile/sea.swf"；将第四个列表项目的 label 参数设置为"标签应用动画"，data 参数赋值为"swffile/jump.swf"；将第五个列表项目的 label 参数设置为"缓动动画效果"，data 参数赋值为"swffile/instr.swf"，如图 4-3-13 所示。设置完毕后，单击"确定"按钮，退出"值"对话框。

图 4-3-12　　　　　　　　　　　　　　　　图 4-3-13

（12）新建一个图层，命名为"文本"图层。使用文本工具，在场景下面绘制一个文本框，在"属性"面板上设置其文本类型为"动态文本"，实例名称为info；X 坐标为100，Y 坐标为300；宽度为450，高度为100；字符大小为15点，段落为多行显示，如图 4-3-14 所示。

图 4-3-14

（13）新建图层，并命名为"load 组件"。展开"组件"面板，从 User Interface 组中选择 UILoader 组件，如图 4-3-15 所示。然后拖动一个 UILoader 组件的实例到场景上，并在"属性"面板上将其实例名称设置为"ldr"，X 坐标为 50，Y 坐标为 0；宽度为 500，高度为 300。展开"属性"面板上的"组件参数"选项，取消选中"scaleContent"复选框，以便于加载的 SWF 文件以原始尺寸显示，而不会被缩放，如图 4-3-16 所示。

图 4-3-15   图 4-3-16

（14）添加代码向缩略图添加事件侦听器。事件侦听器的添加方法同之前我们学习的一样，还是使用 addEventListener() 方法来创建按钮，以响应用户单击事件。对于本任务中的 thumbs_mc 影片剪辑来说，由于该影片剪辑里包含有 7 个按钮，其实例名称为 btn1 ～ btn7，因此，在 ActionScript 3.0 代码描述时，这些按钮的路径为：thumbs_mc.btn1 ～ thumbs_mc.btn7，只有如此，ActionScript 3.0 代码才能够定位到该剪辑中的按钮对象。

（15）新建图层，命名为"代码"，在该图层的第 1 帧，展开"动作"面板。添加如下代码，创建出每个按钮的 addEventListener() 方法，如图 4-3-17 所示。

```
thumbs_mc.btn1.addEventListener(MouseEvent.CLICK, ldr1);
thumbs_mc.btn2.addEventListener(MouseEvent.CLICK, ldr2);
```

```
thumbs_mc.btn3.addEventListener(MouseEvent.CLICK, ldr3);
thumbs_mc.btn4.addEventListener(MouseEvent.CLICK, ldr4);
thumbs_mc.btn5.addEventListener(MouseEvent.CLICK, ldr5);
thumbs_mc.btn6.addEventListener(MouseEvent.CLICK, ldr6);
thumbs_mc.btn7.addEventListener(MouseEvent.CLICK, ldr7);
```

（16）这个按钮将调用 ldr1() ～ ldr7() 函数，下面将创建这些函数。接着在"动作"面板上，输入如下代码，创建 ldr1() 函数来响应第一个按钮，如图 4-3-18 所示。

```
function ldr1(e:Event) {
    ldr.source = "images/image1.jpg" ;
}
```

图 4-3-17

图 4-3-18

（17）此时，当单击第一个按钮时，将加载 image1.jpg 图像到 UILoader 实例中。注意描述该 JPG 文件的路径，"images/image1.jpg"表示该图像位于 images 文件夹中。

（18）为其他 6 个按钮创建相应的函数。在"动作"面板现有代码之下，输入如下代码，如图 4-3-19 所示。此时，按 Ctrl+Enter 组合键测试影片，用鼠标单击左侧的缩略图按钮，就会在右侧的组件窗口中显示图片，效果如图 4-3-20 所示。

```
function ldr2(e:Event) {
    ldr.source = "images/image2.jpg" ;
}
function ldr3(e:Event) {
    ldr.source = "images/image3.jpg" ;
}
function ldr4(e:Event){
    ldr.source = "images/image4.jpg" ;
}
function ldr5(e:Event){
    ldr.source = "images/image5.jpg" ;
}
function ldr6(e:Event) {
    ldr.source = "images/image6.jpg" ;
}
```

```
function ldr7(e:Event) {
    ldr.source = "images/image7.jpg" ;
}
```

图 4-3-19   图 4-3-20

（19）为了能够在显示图片的同时，使图片的相关介绍显示在场景下面的动态文本框内，下面通过代码加载外部文件中的文本。比如，对于第一个缩略图按钮，在执行 ldr1() 函数时，显示 images 文件夹内的 image1.jpg 图片，同时也要加载相应的图片介绍文字，这些文字位于 text 文件夹内，名称分别为 "picture1.txt ～ picture7.txt"。因此，就要在 ldr1() 函数内添加如下代码：

```
textLoad( "text/picture1.txt" , 0xAAFFAA);
```

这是一个函数，包含两个参数，第一个参数是文本文件的路径；第二个参数是颜色值，用于设置文本字段的背景色。需要注意的是，这个函数位于 ldr1() 函数之内，如图 4-3-21 所示。

（20）为其他6个按钮也添加相应的加载外部文本的函数 textLoad()，如图4-3-22所示。

图 4-3-21   图 4-3-22

（21）当前，函数 textLoad() 还没有定义，如果此时测试影片，会得到一个错误消息。下面就要来创建 textLoad() 函数，需要使用 URLLoader 类。在"动作"面板的现有代码之下，添加如下代码，添加一个新的 URLLoader 实例，如图 4-3-23 所示。

```
var loader:URLLoader = new URLLoader();
```

（22）继续添加如下代码，创建出 textLoad() 函数。该函数执行两个任务，第一个任务是调用 URLLoader 类的 load() 方法，file 参数用于描述 load() 方法调用的文件路径；第二个任务是将 color 参数所描述的颜色值赋予文本字段的背景色，如图 4-3-24 所示。

```
function textLoad(file:String, color:uint) {
    loader.load(new URLRequest(file));
    info.backgroundColor = color;
}
```

图 4-3-23   图 4-3-24

（23）此时，当调用该函数时，将加载文本文件到 Flash 中，并修改文本字段的颜色，但是并不会在文本框中显示文本内容。要显示文本内容需要获取加载的数据，并设置文本字段的 text 属性。下面就要使用 COMPLETE 事件来完成外部文件的完全加载。

（24）在"动作"面板现有代码之下，添加如下代码，如图 4-3-25 所示。当对象完成加载文本内容时，将在文本框内显示该文本。此时，按 Ctrl+Enter 组合键测试影片，单击左侧的缩略图按钮，即可在文本框内显示相应的文本内容，如图 4-3-26 所示。

```
loader.addEventListener(Event.COMPLETE, displayText);
function displayText(e:Event) {
    info.text =loader.data;
}
```

图 4-3-25   图 4-3-26

（25）调整文本字段格式，可以设置文本字段的背景和边框，并设置边框颜色。在函数 displayText() 之内，添加如下代码，如图 4-3-27 所示。此时，测试影片，文本框的背景颜色、边框等属性会发生改变，如图 4-3-28 所示。

```
info.background = true;
info.border = true;
info.borderColor = 0x333333;
```

图 4-3-27

图 4-3-28

（26）从现在的测试情况来看，由于文本内容比较长，没有完全在文本框内显示。可以利用内置的 UIScrollBar 组件创建滚动条解决此问题。用鼠标单击场景上的动态文本框，然后执行"文本"→"可滚动"命令，如图 4-3-29 所示。

（27）新建图层，命名为"滚动条"。打开"组件"面板，从 User Interface 组中选择 UIScrollbar 组件，并用鼠标拖动一个实例到场景上，对齐到动态文本框的右上角，如图 4-3-30 所示。

图 4-3-29

图 4-3-30

（28）如果 UIScrollbar 组件不能自动吸附到文本框的右上角，可以展开"属性"面板调整其坐标值，使其对齐，并检查"属性"面板上的"组件参数"选项，使其 scrollTarget Name 参数的值为 info，如图 4-3-31 所示。此时，测试影片，文本框的右侧会显示滚动条，拖动滚动条即可浏览相应的文本内容，如图 4-3-32 所示。

图 4-3-31

图 4-3-32

（29）加载外部 SWF 文件。当用户选中 List 组件中的某个列表项目时，会触发 CHANGE 事件，其使用方法与之前学习的其他事件响应模式非常类似。在"动作"面板现有代码之下，添加如下代码，如图 4-3-33 所示。

```
loadList.addEventListener(Event.CHANGE, loadFile);
function loadFile(e:Event):void {
    ldr.source = e.target.selectedItem.data;
}
```

每当用户选中一个列表项目时，将调用 loadFile() 函数，该函数通过将当前鼠标所选择列表对象的 data 属性指向的文件路径赋予 UILoader 的 source 属性，从而实现加载外部 SWF 文件的目的。

（30）此时测试影片，用鼠标选择列表中的"逐帧动画效果"等选项，即可在右侧的 UILoader 组件窗口看到加载的 SWF 文件，如图 4-3-34 所示。

图 4-3-33

图 4-3-34

4.1.4　知识点总结

1. 加载外部文件到 UILoader 组件中

通过设置 UILoader 组件的 source 属性，使用 ActionScript 可以加载任意的 SWF、

JPG、PNG、GIF 文件到 UILoader 组件中，基本语法为：

UIloader 组件名称 .source= " 文件路径及名称 ";

例如，本任务中加载外部图像到组件中的代码：

ldr.source = " images/image1.jpg ";

在此，要注意的是加载文件的存放路径，如果要加载的图像位于当前文件夹的上层文件文件夹内，其路径应描述为 "../images/image1.jpg"。

除了可以使用组件加载外部文件之外，Loader 类也可用来加载 SWF 等文件。它使用 load() 方法来启动加载，被加载的显示对象将作为 Loader 对象的子级被添加。Loader 类通常要和 URLRequest 类配合使用，具体方法如下。

```
var URL 路径 :String = "URL 地址 "; // 定义变量，存储要加载的文件路径
var URLRequest 对象 :URLRequest = new URLRequest(URL 路径 );
// 将提交的数据存入 URLRequest 对象中
var Loader 对象 : Loader = new Loader(URLRequest 对象 );
// 将读取到的数据存入 Loader 对象中
```

即：首先由 URLRequest 对象向指定地址发出数据请求，然后由 Loader 对象按照 URLRequest 对象携带的信息完成文件的加载。

2. 使用 LIST 组件加载外部文件到 UILoader 组件中

如果使用 list 组件进行加载外部文件，可以逐一编写单个函数，通过使用列表项目中所保存的数据，来确定加载哪个文件。也可以像本任务中所描述的代码一样根据用户所选择的列表项目进行加载，其代码为：

UIloader 组件名称 .source=e.target.selectedItem.data

其中，e.target 是列表，selectedItem 属性是用户所选择的列表项目，data 属性是该项目所对应的数据。

3. 十六进制颜色的应用

ActionScript 3.0 可以用多种方法描述颜色，最常用的是十六进制值。颜色描述之前的字符 "0x" 表示其后的数值是十六进制值。在 "0x" 后的 6 为数字描述了红色、绿色和蓝色的数量。每个数字的值范围从 0 到 15，其中 10 ~ 15 用十六进制表示为 A ~ F。因此，0xFF0000 就代表了红色，0x00FF00 代表了绿色，0x0000FF 代表了蓝色。

调用 Math.random() 方法并乘以全范围的十六进制颜色，就可以产生随机颜色值，例如：

var color：Number=Math.random()*0xFFFFFF;

项 **5** 目

PROJECT

网络广告及片头动画制作

使用 Flash 制作产品的宣传广告，充分发挥其特性会达到一种特殊的新奇时尚的宣传
效果。目前，Flash 网络广告已经成为商品宣传的重要手段之一，本项目将通过 4 个任务
介绍化妆品广告动画、汽车广告动画、网站片头动画和文化节宣传活动动画的制作方法，
帮助读者了解商业广告动画的制作流程和技巧。

5.1 任务 1——制作化妆品广告

化妆品广告的制作要依据主体内容确定表现手法，在制作时，注意广告画面的色彩要
统一、柔和，符合产品的特点，另外还要注意舞台中各个元件的排版与层次问题，这样才
能将广告作品以更好的效果展示于受众，才能起到宣传产品的作用。

5.1.1 实例效果预览

本节实例效果如图 5-1-1 所示。

图 5-1-1

5.1.2 技能应用分析

1．设置舞台属性，导入需要的素材做背景。

2．以彩妆人物作为主体，运用传统补间动画制作出人物逐渐显现的动画效果。

3．搭配闪亮的化妆品突出广告宣传的内容，并制作出产品出现的动画效果。

4．运用分离命令将文字打散，制作出文字逐一显现并消失的动画效果。

5.1.3 制作步骤解析

（1）新建一个 Flash 文件，在"属性"面板上设置动画帧频为 12fps，舞台尺寸为"950×400 像素"。在时间轴上将"图层 1"命名为"背景"，选择"文件"→"导入"→"导入到舞台"命令，将素材文件"背景 .jpg"导入到舞台上，并设置其坐标位置为"X：0，Y：0"，如图 5-1-2 所示。

图 5-1-2

（2）按 Ctrl+F8 组合键，打开"创建新元件"对话框，插入一个新的影片剪辑元件"闪光"，如图 5-1-3 所示。

图 5-1-3

（3）选择椭圆工具，设置笔触颜色为无，填充颜色为白色，绘制一个白色的圆形，并在"属性"面板上设置其坐标位置为"X：0，Y：0"，"宽度"、"高度"均为 15，如图 5-1-4 所示。

（4）打开"颜色"面板，设置填充色为"放射状填充"，并将右侧色标的 Alpha 值设置为 0%，得到由白色到透明的圆形效果，如图 5-1-5 所示。

图 5-1-4　　　　　　　　　　　　图 5-1-5

（5）按 F8 键将白色圆形转换为图形元件"圆形"，然后选中白色圆形，按 Ctrl+C 组合键进行复制，再按 Shift+Ctrl+V 组合键将其粘贴到当前位置。最后，在"属性"面板上设置其宽度为 60，高度为 3，得到细长的白色条形，如图 5-1-6 所示。

（6）再次将白色条形选中、复制并粘贴，然后在"变形"面板上设置旋转角度为90°，形成星光图形，如图 5-1-7 所示。

（7）在舞台上将白色圆形和两个白色条形全部选中，按 F8 键将其转换为影片剪辑元件"星光"。然后分别在第 7 帧、第 13 帧处按 F6 键插入关键帧，接着将第 1 帧中的星光等比例缩放到原来的 50%，设置 Alpha 值为 40%；将第 13 帧中的星光等比例缩放到原来的 40%，设置 Alpha 值为 30%；在第 1 ～ 7 帧和第 7 ～ 13 帧之间创建传统补间动画，形成星光闪烁的动画效果。

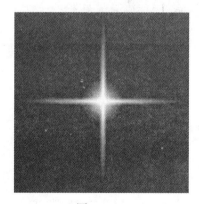

图 5-1-6　　　　　　　　　　　　图 5-1-7

（8）按 Ctrl+F8 组合键，打开"创建新元件"对话框，创建一个新的影片剪辑元件"人物"，然后单击"确定"按钮，如图 5-1-8 所示。

图 5-1-8

（9）选择"文件"→"导入"→"导入到舞台"命令，将素材文件"人物 .png"导入到舞台上，并在"属性"面板上设置图片的坐标位置为"X：0，Y：0"，"宽度"为306.45，"高度"为 400，如图 5-1-9 所示。

（10）在图片被选中的状态下，按 F8 键将其转换为图形元件"彩妆人物"。在第 20 帧处按 F6 键插入关键帧，设置第 1 帧中图片的 Alpha 值为 0%，右键单击第 1 帧，在弹出的快捷菜单中选择"创建传统补间"命令，制作出人物图片逐渐显现的动画效果。

（11）新建图层，从库中将影片剪辑元件"闪光"拖入舞台，然后按 Ctrl 键将闪光元件多次复制，并调整大小和角度，放在人物图片的不同位置上，如图 5-1-10 所示。

图 5-1-9   图 5-1-10

（12）新建图层，在第 20 帧处按 F7 键插入一个空白关键帧，然后按 F9 键打开"动作"面板，输入脚本代码"stop();"。此时的时间轴及"动作"面板状态如图 5-1-11 所示。

图 5-1-11

（13）按 Ctrl+F8 组合键，打开"创建新元件"对话框，创建一个新的影片剪辑元件"化妆品动画"，如图 5-1-12 所示，然后单击"确定"按钮。

图 5-1-12

（14）选择"文件"→"导入"→"导入到舞台"命令，将素材文件"口红 .png"导入到舞台上，并在"属性"面板上设置图片的坐标位置为"X：0，Y：50"，"宽度"为342.4，"高度"为 340，效果如图 5-1-13 所示。

图 5-1-13

（15）选中口红图片，按 F8 键将其转换为图形元件"口红"。分别在第 15、35、50帧处按 F6 键插入关键帧，设置第 1 帧图片的 Alpha 值为 0%，横坐标位置为"X：70"；设置第 50 帧图片的 Alpha 值为 0%，横坐标位置为"X：-80"；接着在第 1 ～ 15 帧和第35 ～ 50 帧之间创建传统补间动画，制作出口红图片渐现渐隐并位移的动画效果。

（16）新建图层，在第 35 帧处按 F7 键插入一个空白关键帧，选择"文件"→"导入"→"导入到舞台"命令，将素材文件"眼影 .png"导入到舞台上，并在"属性"面板上设置图片的坐标位置为"X：0，Y：60"，宽度为 346.4，高度为 340，效果如图 5-1-14所示。

图 5-1-14

（17）选中眼影图片，按 F8 键将其转换为图形元件"眼影"。分别在第 50、70、85 帧处按 F6 键插入关键帧，设置第 35 帧图片的 Alpha 值为 0%，纵坐标位置为"Y：150"；设置第 85 帧图片的 Alpha 值为 0%，坐标位置为"X：40，Y：165"；接着在第 35 ～ 50帧和第 70 ～ 85 帧之间创建传统补间动画，制作出眼影图片的动画效果。

（18）新建图层，在第 70 帧处按 F7 键插入一个空白关键帧，选择"文件"→"导入"→"导入到舞台"命令，将素材文件"腮红 .png"导入到舞台上，并在"属性"面板上设置图片的坐标位置为"X：0，Y：90"，"宽度"为 450，"高度"为 270，效果如图 5-1-15 所示。

图 5-1-15

（19）选中腮红图片，按 F8 键将其转换为图形元件"腮红"。分别在第 85、105 和 120 帧处按 F6 键插入关键帧，设置第 70 帧图片的 Alpha 值为 0%；设置第 120 帧图片的 Alpha 值为 0%，坐标位置为"X：78，Y：15"；接着在第 70 ~ 85 帧和第 105 ~ 120 帧之间创建传统补间动画，制作出腮红图片的动画效果。

（20）新建图层，在第 105 帧处按 F7 键插入一个空白关键帧，执行"文件"→"导入"→"导入到舞台"命令，将素材文件"指甲油 .png"导入到舞台上，并在"属性"面板上设置图片的坐标位置为"X：-12，Y：50"，宽度为 224.45，高度为 340，效果如图 5-1-16 所示。

图 5-1-16

（21）选中指甲油图片，按 F8 键将其转换为图形元件"指甲油"。分别在第 120、140、155 帧处按 F6 键插入关键帧，设置第 105 帧图片的 Alpha 值为 0%，坐标位置为"X：-87，Y：125"；设置第 155 帧图片的 Alpha 值为 0%；接着在第 105 ~ 120 帧和第 140 ~ 155 帧之间创建传统补间动画，制作出眼影图片的动画效果。

（22）新建图层，在第 15 帧处按 F7 键插入一个空白关键帧，然后从库中将"闪光"

元件拖入舞台，放在口红图片上，在第 35 帧处按 F7 键插入空白关键帧。重复前面的操作，分别在第 50、85、120 帧处插入空白关键帧并拖入"闪光"元件，调整好位置、大小和角度，并分别在第 70、105、140 帧处插入空白关键帧。此时的时间轴状态如图 5-1-17 所示。

图 5-1-17

（23）至此已完成了化妆品动画元件的制作。按 Ctrl+F8 组合键，打开"创建新元件"对话框，插入一个新的影片剪辑元件"动感文字"，如图 5-1-18 所示。

（24）因为要输入白色的文字，可暂时在"属性"面板上将舞台颜色设置为较深的任意颜色。然后使用文本工具输入文字"魅力袭蔻 完美呈现"，在"属性"面板上设置字体为"黑体"，字体大小为"23 点"，字体颜色为"白色"；坐标位置为"X：0，Y：0"，效果如图 5-1-19 所示。

图 5-1-18

图 5-1-19

（25）按 Ctrl+B 组合键将文字分离为单个的汉字，执行"修改"→"时间轴"→"分散到图层"命令，使每个汉字都放在单独的图层上，并将分离后空的图层删除。然后分别选中每个文字，按 F8 键将其转换为图形元件。此时的时间轴状态如图 5-1-20 所示。

（26）在时间轴上将下面 7 个图层的关键帧依次向后移动一帧，并在每个图层上间隔 10 帧按 F6 键插入关键帧；继续向后间隔 60 帧按 F6 键插入关键帧；然后再次间隔 10 帧按 F6 键插入关键帧。此时的时间轴状态如图 5-1-21 所示。

图 5-1-20

（27）选中文字"魅"的第 1 帧，按 Ctrl+T 组合键打开"变形"面板，将文字等比例放大到原来的 400%。接着选中文字"魅"的第 80 帧，同样将文字等比例放大到原来的

400%，并在"属性"面板上设置 Alpha 值为 20%。在第 1 ～ 10 帧和第 70 ～ 80 帧之间创建传统补间动画。

图 5-1-21

（28）依照上面的制作方法，依次制作出其他几个文字的动画效果。此时的时间轴状态如图 5-1-22 所示。

图 5-1-22

（29）新建图层，使用文本工具输入文字"Fashion & Beauty"，设置字体为 Arial，字体大小为"16 点"，字体颜色为"白色"，坐标位置为"X：75，Y：27"，效果如图 5-1-23 所示。

图 5-1-23

（30）依照前面的制作方法，按 Ctrl+B 组合键将文字分离，并放在单独的图层上，然后分别选中各个文字，按 F8 键将其转换为图形元件。接着将各个图层的关键帧选中后向后移动，使这些关键帧在第 45 ～ 59 帧之间交错排列，并依次间隔一段时间分别按 F6 键插入关键帧。此时的时间轴状态如图 5-1-24 所示。

（31）分别将各图层的第一个关键帧中文字的 Alpha 值设置为 20%，并等比例放大到原来的 300%；将最后一个关键帧中文字的 Alpha 值设置为 20%，并等比例放大到原来的 200%；然后分别在第 1 ～ 2 帧、第 3 ～ 4 帧之间创建传统补间动画。

图 5-1-24

（32）至此，所有的动画元素制作完毕，接着要将这些影片剪辑元件组合到场景中。返回场景 1，新建图层，命名为"人物"，从库中将"人物"元件拖入舞台，设置坐标位置为"X：0，Y：0"；新建图层，命名为"化妆品"，从库中将"化妆品动画"元件拖入舞台，设置坐标位置为"X：450，Y：30"；新建图层，命名为"文字"，从库中将"动感文字"元件拖入舞台，设置坐标位置为"X：660，Y：40"。

（33）按 Ctrl+Enter 组合键预览动画效果，修改完毕后执行"文件"→"保存"命令将制作好的源文件进行保存。

5.1.4　知识点总结

在本节动画的制作中，主要应用到了传统补间动画效果的制作，通过更改元件的坐标位置和 Alpha 值达到制作动画效果的目的。其中，在制作文字逐一显现并消失的动画效果时，先将文字打散，然后应用"分散到图层"命令将每个文字都单独放在了一个图层上。这是因为文字对象具有其固有的属性，如果要对一行文字中的单个文字进行编辑，就需要将文字图形化，这个操作要经过两个阶段：先将文本打散，分离为单独的文本块，每个文本块中包含一个文字；进而进行打散的操作，将文本转换为矢量图形，如图 5-1-25 所示。不过一旦将文字转换成矢量图形，就无法再像编辑文字一样对它们进行编辑。

图 5-1-25

普通高等职业教育体系精品教材·计算机系列
Flash 动画制作项目教程（第 2 版）

5.2　任务 2——制作汽车广告

本任务将制作一个汽车广告动画，主要运用了遮罩动画和简单的运动补间动画。在制作此类广告动画时，首先要有一个好的创意或想法，再结合 Flash 中的动画制作方法，灵活运用已有的素材资料，就可以制作出炫目的广告动画效果。

5.2.1　实例效果预览

本节实例效果如图 5-2-1 所示。

图 5-2-1

5.2.2　技能应用分析

1．设置舞台属性，导入需要的素材。
2．添加背景图片，运用遮罩动画制作出汽车各个部分的特写动画。
3．添加文字，制作文字出现的动画效果。
4．制作汽车出场的全景动画，并制作广告语动画。

5.2.3　制作步骤解析

子任务 1　制作汽车动画效果

（1）新建 Flash 文件，在"属性"面板上设置舞台尺寸为"500×200 像素"。在时间轴上将"图层 1"命名为"背景"，执行"文件"→"导入"→"导入到舞台"命令，将素材文件"背景.jpg"导入到舞台上，并设置其宽度为500，高度为200，坐标位置为"X：0，Y：0"，如图 5-2-2 所示。在第 500 帧处按 F5 键延长帧。

图 5-2-2

（2）新建一个图层，将其命名为"遮罩"。然后选择基本矩形工具，设置笔触颜色为无，填充颜色为白色，绘制一个矩形，并在"属性"面板上设置矩形的坐标位置为"X：17，Y：33"，"宽度"为216，"高度"为140，矩形边角半径为15，如图 5-2-3 所示。

图 5-2-3

（3）将白色圆角矩形复制，然后新建图层，命名为"边框"。选择第 1 帧，按 Shift+Ctrl+V 组合键将复制的矩形粘贴到原来的位置，执行"修改"→"形状"→"柔化填充边缘"命令，在如图 5-2-4 所示的对话框中设置"距离"为"6 像素"，"步骤数"为 4，"方向"为"扩展"，然后单击"确定"按钮为矩形填充边缘。填充完毕后，按 Ctrl+B 组合键将白色矩形的填充色和边框色分离，然后单击选中填充色，并按 Delete 键将其删除，只留下白色边框，如图 5-2-5 所示。

图 5-2-4

图 5-2-5

（4）选中白色边框，按 F8 键将其转换为图形元件"边框"，然后在第 15 帧处按 F6 键插入关键帧，调整第 1 帧白色边框的高度为 1，纵坐标位置为"Y：86"，如图 5-2-6 所示。接着在第 1 ～ 15 帧之间创建传统补间动画，形成白色边框逐渐展开的动画效果。

图 5-2-6

（5）在"遮罩"和"边框"图层的第 336 帧处按 F7 键插入空白关键帧。接着在"背景"图层的上方新建图层，命名为"汽车 1"，在第 16 帧处插入空白关键帧，然后执行"文件"→"导入"→"导入到舞台"命令，将素材文件"汽车 1.jpg"导入到舞台上，设置其"宽度"为 1140，"高度"为 638.5，坐标位置为"X：-355，Y：-328"，使右侧车灯位于方框内部，如图 5-2-7 所示。接着按 F8 键将其转换为图形元件"汽车"。

图 5-2-7

（6）在第 27 帧和第 75 帧处分别按 F6 键插入关键帧，将第 17 帧中汽车的 Alpha 值设置为 0%；将第 28 帧汽车的坐标位置设置为"X：-360，Y：-310"；将第 75 帧汽车的坐标位置设置为"X：-390，Y：-290"；接着在第 17 ～ 27 帧和第 27 ～ 75 帧之间创建传统补间动画，并在第 76 帧处按 F7 键插入空白关键帧。

（7）在时间轴上右键单击图层"遮罩"，在弹出的快捷菜单中选择"遮罩层"命令，使其对图层"汽车 1"起到遮罩作用，遮罩后的效果如图 5-2-8 所示。为了方便下面的制作，可以暂时将"遮罩"图层隐藏起来。

（8）在图层"汽车 1"的上方新建图层，命名为"过渡 1"，使其位于"遮罩"图层的作用下，在第 68 帧处按 F7 键插入空白关键帧，再次按 Shift+Ctrl+V 组合键将前面复制的白色圆角矩形粘贴到当前位置；接着在第 75 帧处插入关键帧，并在"颜色"面板上将第

68 帧中矩形填充色的 Alpha 值设置为 0%，使圆角矩形变成透明的效果，如图 5-2-9 所示。然后在第 68 ～ 75 帧之间创建补间形状动画，并在第 85 帧处插入空白关键帧。

图 5-2-8　　　　　　　　　　　　　　　图 5-2-9

（9）在图层"过渡 1"上方新建图层，命名为"汽车 2"，使其位于"遮罩"图层的作用下，在第 75 帧处插入空白关键帧，从库中将图形元件"汽车"拖入舞台上，设置其坐标位置为"X：-100，Y：-358"，使左侧车头位于方框内部，如图 5-2-10 所示。

（10）分别在第 85 帧、第 140 处插入关键帧，将第 75 帧中的汽车 Alpha 值设置为 0%；将第 85 帧汽车的坐标位置设置为"X：-140，Y：-380"；将第 140 帧汽车的坐标位置设置为"X：-290，Y：-420"；接着在第 75 ～ 85 帧和第 85 ～ 140 帧之间创建传统补间动画，并在第 141 帧处按 F7 键插入空白关键帧。

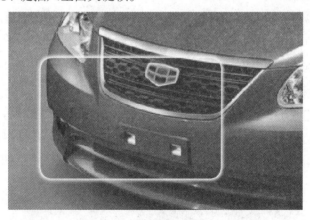

图 5-2-10

（11）在图层"汽车 2"上方新建图层，命名为"过渡 2"，使其位于"遮罩"图层作用下，在第 133 帧处插入空白关键帧。然后选中图层"过渡 1"的第 68 帧，并拖动鼠标将该图层中的帧选中，右键单击，在弹出的快捷菜单中选择"复制帧"命令，如图 5-2-11 所示。接着选中图层"过渡 2"的第 133 帧，右键单击，在弹出的快捷菜单中选择"粘贴帧"命令，如图 5-2-12 所示，将前面复制的白色过渡动画粘贴过来。

图 5-2-11

图 5-2-12

（12）在图层"过渡 2"的上方新建一个图层，命名为"汽车 3"，使其位于"遮罩"图层作用下，在第 140 帧处插入空白关键帧，将图形元件"汽车"拖入到舞台上，设置其坐标位置为"X：-520，Y：-400"，使右侧车轮位于方框内部，如图 5-2-13 所示。

（13）分别在第 149 帧和第 205 帧处插入关键帧，将第 140 帧中的汽车 Alpha 值设置为 0%；将第 149 帧汽车的坐标位置设置为"X：-560，Y：-350"；将第 205 帧中汽车的坐标位置设置为"X：-780，Y：-190"；接着在第 140～149 帧和第 149～205 帧之间创建传统补间动画，并在第 206 帧处按 F7 键插入空白关键帧。

（14）在图层"汽车 3"的上方新建一个图层，命名为"过渡 3"，使其位于"遮罩"图层作用下，在第 198 帧处插入空白关键帧。然后右键单击，在弹出的快捷菜单中选择"粘贴帧"命令，将前面复制的白色过渡动画粘贴过来。

图 5-2-13

（15）在图层"过渡 3"的上方新建一个图层，命名为"汽车 4"，使其位于"遮罩"图层作用下，在第 205 帧处插入空白关键帧，将图形元件"汽车"拖入到舞台上，设置其坐标位置为"X：-280，Y：-100"，使左侧玻璃位于方框内部，如图 5-2-14 所示。

（16）分别在第 215 帧、第 270 帧处插入关键帧，将第 205 帧中汽车的 Alpha 值设置为 0%；将第 215 帧中汽车的坐标位置设置为"X：-314，Y：-100"；将第 270 帧中汽车的坐标位置设置为"X：-550，Y：-100"；接着在第 205 ～ 215 帧和第 215 ～ 270 帧之间创建传统补间动画，并在第 271 帧处按 F7 键插入空白关键帧。

图 5-2-14

（17）在图层"汽车 4"上方新建图层，命名为"过渡 4"，使其位于"遮罩"图层作用下，在第 263 帧处插入空白关键帧。然后右键单击，在弹出的快捷菜单中选择"粘贴帧"命令，将前面复制的白色过渡动画粘贴过来。

（18）在图层"过渡 4"的上方新建图层，命名为"汽车 5"，使其位于遮罩图层作用下，在第 270 帧处插入空白关键帧，将图形元件"汽车"拖入到舞台上，设置其坐标位置为"X：-550，Y：-22"，使汽车上部位于方框内部，如图 5-2-15 所示。

图 5-2-15

（19）分别在第 280 帧和第 335 帧处插入关键帧，将第 270 帧中汽车的 Alpha 值设置为 0%；将第 280 帧中汽车的坐标位置设置为"X：-550，Y：-100"；将第 335 帧中汽车

的坐标位置设置为 "X：-500，Y：-230"；接着在第 270 ～ 280 帧和第 280 ～ 335 帧之间创建传统补间动画，并在第 336 帧处按 F7 键插入空白关键帧。

（20）在图层"汽车 5"上方新建图层，命名为"过渡 5"，使其位于"遮罩"图层作用下，在第 328 帧处插入空白关键帧。然后右键单击，在弹出的快捷菜单中选择"粘贴帧"命令，将前面复制的白色过渡动画粘贴过来，并将最后的空白关键帧移动到第 336 帧。

（21）在图层"过渡 5"的上方新建图层，命名为"汽车"，在第 336 帧处插入空白关键帧，执行"文件"→"导入"→"导入到舞台"命令，将素材文件"汽车 .png"导入到舞台上，设置其坐标位置为 "X：10，Y：25"，如图 5-2-16 所示。

图 5-2-16

（22）选中"汽车"元件，按 F8 键将其转换为影片剪辑元件"汽车 2"，并分别在第 338、340、343 帧处插入关键帧。然后选择第 336 帧中的元件，在"属性"面板上为其添加模糊滤镜，设置横向模糊数值为"50 像素"，"品质"为"高"，效果如图 5-2-17 所示；选择第 338 帧中的元件，添加模糊滤镜，设置横向模糊数值为 30，"品质"为"高"；选择第 340 帧中的元件，添加模糊滤镜，设置横向模糊数值为 20，"品质"为"高"；在第 336 ～ 338 帧、第 338 ～ 340 帧、第 340 ～ 343 帧之间创建传统补间动画。

图 5-2-17

子任务 2　制作文字动画效果

（1）制作相关文字的动画效果。按 Ctrl+F8 组合键创建新的影片剪辑元件"文字 1"，使用文本工具在舞台上输入文字"美引力"，设置字体为"汉仪舒同体简"，字体大小为"23 点"，字体颜色为"红色（#FF0000）"，坐标位置为"X：0，Y：0"，如图 5-2-18 所示。

（2）选中文字并将其转换为影片剪辑元件 text1，在第 10 帧处插入关键帧，然后设置第 1 帧中的文字元件横坐标位置为"X：-20"，Alpha 值为 0%，在第 1 ～ 10 帧之间创建传统补间动画。

（3）在第 49、56 和 58 帧处插入关键帧，选择第 56 帧中的元件，为其添加模糊滤镜，设置横向模糊值为 30，效果如图 5-2-19 所示。

（4）选择第 58 帧中的元件，设置文字的 Alpha 值为 0%，接着在第 49 ～ 56 帧和第 56 ～ 58 帧之间创建传统补间动画，制作出文字模糊并消失的动画效果。

图 5-2-18

图 5-2-19

（5）新建图层，在第 15 帧处插入空白关键帧，输入文字"欧尚设计"，设置字体为"黑体"，字体颜色为"黑色"，字体大小为"16 点"，坐标位置为"X：45，Y：35"，如图 5-2-20 所示。

（6）将文字元件转换为影片剪辑元件 text2，然后在第 22 帧和第 26 帧处分别插入关键帧，将第 15 帧中的文字元件等比例缩小到原来的 80%，设置坐标位置为"X：30，Y：25"；设置第 22 帧元件的位置为"X：35，Y：30"；在第 15 ～ 22 帧和第 22 ～ 26 帧之间创建传统补间动画。

（7）在第 49、56 和 58 帧处插入关键帧，选择第 56 帧中的元件，为其添加模糊滤镜，设置横向模糊值为 30；选择第 58 帧中的元件，设置文字的 Alpha 值为 0%，接着在第 49 ～ 56 帧和第 56 ～ 58 帧之间创建传统补间动画，同样制作出文字模糊并消失的动画效果。

（8）新建图层，在第 19 帧处插入空白关键帧，输入文字"潮流风范"，设置字体为"黑体"，字体颜色为"黑色"，字体大小为"16 点"，坐标位置为"X：60，Y：60"，如图 5-2-21 所示。

（9）将文字元件转换为影片剪辑元件 text3，然后在第 26 帧和第 30 帧处分别插入关键帧，将第 19 帧中的文字元件等比例缩小到原来的 80%，设置坐标位置为"X：50，Y：45"；设置第 26 帧元件的位置为"X：55，Y：55"；在第 19 ~ 26 帧和第 26 ~ 30 帧之间创建传统补间动画。

图 5-2-20   图 5-2-21

（10）在第 49、56 和 58 帧处插入关键帧，选择第 56 帧中的元件，为其添加模糊滤镜，设置横向模糊值为 30；选择第 58 帧中的元件，设置文字的 Alpha 值为 0%，接着在第 49 ~ 56 帧和第 56 ~ 58 帧之间创建传统补间动画，同样制作出文字模糊并消失的动画效果。

（11）返回到场景 1，在"汽车"图层的上方新建图层，命名为"文字 1"，在第 16 帧处插入空白关键帧，从库中将影片剪辑元件"文字 1"拖入舞台，设置坐标位置为"X：280，Y：50"，然后在第 76 帧处插入空白关键帧。

（12）按 Ctrl+F8 组合键，创建新的影片剪辑元件"文字 2"，使用文本工具在舞台上输入文字"质引力"，设置字体为"汉仪舒同体简"，字体大小为"23 点"，字体颜色为"红色（#FF0000）"，坐标位置为"X：0，Y：0"，如图 5-2-22 所示。

（13）选中文字并将其转换为影片剪辑元件 text4，在第 10 帧处插入关键帧，然后设置第 1 帧中的文字元件横坐标位置为"Y：-20"，Alpha 值为 0%，在第 1 ~ 10 帧之间创建传统补间动画。

（14）分别在第 54、60 和 65 帧处插入关键帧，选择第 60 帧中的元件，为其添加模糊滤镜，设置横向模糊值为 30，效果如图 5-2-23 所示。

图 5-2-22   图 5-2-23

（15）选择第 65 帧中的元件，设置文字的 Alpha 值为 0%，接着在第 54 ～ 60 帧和第 60 ～ 65 帧之间创建传统补间动画，制作出文字模糊并消失的动画效果。

（16）新建图层，在第 15 帧处插入空白关键帧，输入文字"内外兼修"，设置字体为"黑体"，字体颜色为"黑色"，字体大小为"16 点"，坐标位置为"X：35，Y：35"，如图 5-2-24 所示。

（17）将文字元件转换为影片剪辑元件 text5，然后在第 30 帧处插入关键帧，将第 15 帧中文字元件的横坐标位置设置为"X：80"，并为其添加模糊滤镜，设置横向模糊值为 30，如图 5-2-25 所示；在第 15 ～ 30 帧之间创建传统补间动画。

图 5-2-24　　　　　　　　　　　　　　　图 5-2-25

（18）分别在第 54、60 和 65 帧处插入关键帧，选择第 60 帧中的元件，为其添加模糊滤镜，设置横向模糊值为 30；选择第 65 帧中的元件，设置文字的 Alpha 值为 0%，接着在第 54 ～ 60 帧和第 60 ～ 65 帧之间创建传统补间动画，同样制作出文字模糊并消失的动画效果。

（19）新建图层，在第 15 帧处插入空白关键帧，输入文字"励精图治"，设置字体为"黑体"，字体颜色为"黑色"，字体大小为"16 点"，坐标位置为"X：50，Y：60"，如图 5-2-26 所示。

（20）将文字元件转换为影片剪辑元件 text6，然后在第 30 帧处插入关键帧，将第 15 帧中文字元件的横坐标位置设置为"X：0"，并为其添加模糊滤镜，设置横向模糊值为"30 像素"，在第 15 ～ 30 帧之间创建传统补间动画。

（21）在第 54、60 和 65 帧处插入关键帧，选择第 60 帧中的元件，为其添加模糊滤镜，设置横向模糊值为 30；选择第 65 帧中的元件，设置文字的 Alpha 值为 0%，接着在第 54 ～ 60 帧和第 60 ～ 65 帧之间创建传统补间动画，同样制作出文字模糊并消失的动画效果。

（22）返回到"场景 1"，在"文字 1"图层的上方新建图层，命名为"文字 2"，在第 76 帧处插入空白关键帧，从库中将影片剪辑元件"文字 2"拖入舞台，设置坐标位置为"X：280，Y：50"，然后在第 141 帧处插入空白关键帧。

（23）按 Ctrl+F8 组合键，创建新的影片剪辑元件"文字 3"，使用文本工具在舞台上输入文字"智引力"，设置字体为"汉仪舒同体简"，字体大小为"23 点"，字体颜色为"红色（#FF0000）"，坐标位置为"X：0，Y：0"，如图 5-2-27 所示。

（24）选中文字并将其转换为影片剪辑元件 text7，在第 10 帧处插入关键帧，然后设置第 1 帧中的文字元件横坐标位置为"X：35"，Alpha 值为 0%，在第 1 ~ 10 帧之间创建传统补间动画。

（25）在第 56 帧和第 65 帧处插入关键帧，选择第 65 帧中的元件，设置其 Alpha 值为 0%，在第 56 ~ 65 帧之间创建传统补间动画。

（26）新建图层，在第 15 帧处插入空白关键帧，输入文字"人性科技"，设置字体为"黑体"，字体颜色为"黑色"，字体大小为"16 点"，坐标位置为"X：40，Y：35"，如图 5-2-28 所示。

（27）将文字元件转换为影片剪辑元件 text8，然后在第 30 帧处插入关键帧，为第 15 帧中的文字元件添加模糊滤镜，设置横向模糊值为"30 像素"，在第 15 ~ 30 帧之间创建传统补间动画。

（28）在第 56 帧和第 65 帧处插入关键帧，选择第 65 帧中的元件，设置其 Alpha 值为 0%，在第 56 ~ 65 帧之间创建传统补间动画。

（29）新建图层，在第 15 帧处插入空白关键帧，输入文字"智高一筹"，设置字体为"黑体"，字体颜色为"黑色"，字体大小为"16 点"，坐标位置为"X：56，Y：60"，如图 5-2-29 所示。

（30）将文字元件转换为影片剪辑元件 text9，然后在第 30 帧处插入关键帧，为第 15 帧中的文字元件添加模糊滤镜，设置横向模糊值为"30 像素"，在第 15 ~ 30 帧之间创建传统补间动画。

（31）在第 56 帧和第 65 帧处插入关键帧，选择第 65 帧中的元件，设置其 Alpha 值为 0%，在第 56 ~ 65 帧之间创建传统补间动画。

（32）返回到场景 1，在"文字 2"图层的上方新建图层，命名为"文字 3"，在第 140 帧处插入空白关键帧，从库中将影片剪辑元件"文字 3"拖入舞台，设置坐标位置为"X：280，Y：50"，然后在第 205 帧处插入空白关键帧。

图 5-2-26　　　　　　　　　　　　　　　　　图 5-2-27

图 5-2-28　　　　　　　　　　　　　　　　　　　　图 5-2-29

（33）按 Ctrl+F8 组合键创建新的影片剪辑元件"文字 4"，使用文本工具在舞台上输入文字"动引力"，设置字体为"汉仪舒同体简"，字体大小为"23 点"，字体颜色为"红色（#FF0000）"，坐标位置为"X：0，Y：0"，如图 5-2-30 所示。

（34）选中文字并将其转换为影片剪辑元件 text10，在第 10 帧处插入关键帧，然后设置第 1 帧中文字元件的 Alpha 值为 0%，在第 1 ～ 10 帧之间创建传统补间动画。

（35）在第 56 帧和第 65 帧处插入关键帧，选择第 65 帧中的元件，设置其 Alpha 值为 0%，在第 56 ～ 65 帧之间创建传统补间动画。

（36）新建图层，在第 15 帧处插入空白关键帧，输入文字"动感在握"，设置字体为"黑体"，字体颜色为"黑色"，字体大小为"16 点"，坐标位置为"X：40，Y：35"，如图 5-2-31 所示。

图 5-2-30　　　　　　　　　　　　　　　　　　　　图 5-2-31

（37）将文字元件转换为影片剪辑元件 text11，然后在第 25 帧处插入关键帧，设置第 15 帧中文字元件的 Alpha 值为 0%，在第 15 ～ 25 帧之间创建传统补间动画。

（38）分别在第 56 帧和第 65 帧处插入关键帧，选择第 65 帧中的元件，设置其 Alpha 值为 0%，在第 56 ～ 65 帧之间创建传统补间动画。

（39）新建图层，在第 19 帧处插入空白关键帧，输入文字"权利表现"，设置字体为"黑体"，字体颜色为"黑色"，字体大小为"16 点"，坐标位置为"X：55，Y：60"，如图 5-2-32 所示。

（40）将文字元件转换为影片剪辑元件 text12，然后在第 28 帧处插入关键帧，设置第

19 帧中文字元件的 Alpha 值为 0%，在第 19 ～ 28 帧之间创建传统补间动画。

（41）分别在第 56 帧和第 65 帧处插入关键帧，选择第 65 帧中的元件，设置其 Alpha 值为 0%，在第 56 ～ 65 帧之间创建传统补间动画。

（42）返回到"场景 1"，在"文字 3"图层的上方新建图层，命名为"文字 4"，在第 205 帧处插入空白关键帧，从库中将影片剪辑元件"文字 4"拖入舞台，设置坐标位置为"X：280，Y：50"，然后在第 271 帧处插入空白关键帧。

（43）按 Ctrl+F8 组合键创建新的影片剪辑元件"文字 5"，使用文本工具在舞台上输入文字"绿引力"，设置字体为"汉仪舒同体简"，字体大小为"23 点"，字体颜色为"红色（#FF0000）"，坐标位置为"X：0，Y：0"，如图 5-2-33 所示。

图 5-2-32 图 5-2-33

（44）选中文字并将其转换为影片剪辑元件 text13，在第 10 帧处插入关键帧，然后设置第 1 帧中文字元件的 Alpha 值为 0%，纵坐标位置为 30；在第 1 ～ 10 帧之间创建传统补间动画。

（45）分别在第 56 帧和第 65 帧处插入关键帧，选择第 65 帧中的元件，设置其 Alpha 值为 0%，在第 56 ～ 65 帧之间创建传统补间动画。

（46）新建图层，在第 15 帧处插入空白关键帧，输入文字"责任之心"，设置字体为"黑体"，字体颜色为"黑色"，字体大小为"16 点"，坐标位置为"X：40，Y：35"，如图 5-2-34 所示。

（47）将文字元件转换为影片剪辑元件 text14，然后分别在第 25 帧、第 56 帧和第 65 帧处插入关键帧，设置第 15 帧中文字元件的横坐标位置为"X：-20"，Alpha 值为 0%；设置第 25 帧中文字元件的横坐标位置为"X：10"；设置第 65 帧中文字元件的横坐标位置为"X：50"，Alpha 值为 0%；在第 15 ～ 25 帧、第 25 ～ 56 帧和第 56 ～ 65 帧之间创建传统补间动画。

（48）新建图层，在第 15 帧处插入空白关键帧，输入文字"绿动未来"，设置字体为"黑体"，字体颜色为"黑色"，字体大小为"16 点"，坐标位置为"X：55，Y：60"，如图 5-2-35 所示。

图 5-2-34　　　　　　　　　　　　　图 5-2-35

（49）将文字元件转换为影片剪辑元件 text15，然后分别在第 25 帧、第 56 帧和第 65 帧处插入关键帧，设置第 15 帧中文字元件的横坐标位置为"X：-5"，Alpha 值为 0%；设置第 25 帧中文字元件的横坐标位置为"X：25"；设置第 65 帧中文字元件的横坐标位置为"X：65"，Alpha 值为 0%；在第 15 ～ 25 帧、第 25 ～ 56 帧和第 56 ～ 65 帧之间创建传统补间动画。

（50）返回到"场景 1"，在"文字 4"图层的上方新建图层，命名为"文字 5"，在第 270 帧处插入空白关键帧，从库中将影片剪辑元件"文字 5"拖入舞台，设置坐标位置为"X：280，Y：50"，然后在第 336 帧处插入空白关键帧。

子任务 3　制作落版动画效果

落版动画指的是 Flash 影片中最终的定格动画效果。下面来制作该汽车广告的落版动画。

（1）按 Ctrl+F8 键创建新的影片剪辑元件"波浪"。可暂时将舞台背景设置为较深的颜色，制作完成后再将舞台颜色恢复为白色。使用钢笔工具绘制如图 5-2-36 所示的闭合曲线，并填充"白色→透明→白色→透明→白色"的线性渐变，设置其坐标位置为"X：0，Y：0"。

图 5-2-36

（2）选中曲线图形，按住 Ctrl 键将曲线向右拖动复制两次，得到如图 5-2-37 所示的效果。将两条波浪图形全部选中，按 F8 键将其转换为图形元件"波浪图形"，然后在第 40 帧处插入关键帧，设置图形的横坐标位置为"X：-400"，在第 1 ～ 40 帧之间创建传统补间动画。

图 5-2-37

（3）按 Ctrl+F8 组合键创建新的影片剪辑元件"文字 6"，使用文本工具输入文字"欧尚潮流生活车"，设置坐标位置为"X：0，Y：0"，字体为"方正综艺简体"，字体大小为"30 点"，字体颜色为"红色（#FF000000）"，如图 5-2-38 所示。

图 5-2-38

（4）将文字转换为图形元件 text16，然后在第 10 帧处插入关键帧，设置第 1 帧元件的横坐标位置为"X：200"，Alpha 值为 0%；在第 1 ～ 10 帧之间创建传统补间动画，并在第 165 帧处按 F5 键延长帧。

（5）新建图层，在第 10 帧处插入空白关键帧，从库中将"波浪"元件拖入舞台，设置其坐标位置为"X：0，Y：17"。再次新建图层，在第 10 帧处插入空白关键帧，从库中将 text16 元件拖入舞台，设置坐标位置为"X：0，Y：0"，与"图层 1"中的文字位置重合，然后右键单击该图层，在弹出的快捷菜单中选择"遮罩层"命令，使其对下面的波浪起遮罩作用。

（6）新建图层，在第 20 帧处插入空白关键帧，输入文字"帝豪 EC7-RV"，设置坐标位置为"X：80，Y：55"，字体为"黑体"，字体大小为"20 点"，字体颜色为"黑色"，如图 5-2-39 所示。

（7）将文字转换为图形元件 text17，在第 30 帧处插入关键帧，调整第 20 帧元件的横坐标位置为"X：60"，Alpha 值为 0%，在第 20 ～ 30 帧之间创建传统补间动画。

（8）返回"场景 1"，新建图层，命名为"文字 6"，在第 335 帧处插入空白关键帧，从库中将"文字 6"元件拖入舞台，设置其坐标位置为"X：280，Y：30"，使其位于舞台的右外侧。

图 5-2-39

（9）至此，整个汽车广告动画效果制作完毕。执行"控制"→"测试影片"命令对影片进行测试。测试无误后，执行"文件"→"保存"命令将影片保存为"汽车广告 .fla"。

5.2.4　知识点总结

在本实例的动画效果制作中，运用了大量的遮罩动画，相关知识可以参考项目 2 的内容。另外，在制作文字的动画效果时，通过对元件添加模糊滤镜使文字的动画效果更加有动感。在 Flash 中，使用滤镜可以对位图和显示对象应用投影、斜角和模糊等各种效果。

1. 斜角滤镜

斜角滤镜可以为对象添加三维斜面边缘，通过设置加亮和阴影颜色、斜角边缘模糊、斜角角度和斜角边缘的位置，甚至可以创建出挖空效果，如图 5-2-40 所示。

图 5-2-40

2. 模糊滤镜

模糊滤镜可使显示对象及其内容具有涂抹或模糊的效果。通过将模糊滤镜的品质属性设置为低，可以模拟离开焦点的镜头效果，将品质属性设置为高，会产生类似高斯模糊的平滑模糊效果，如图 5-2-41 所示。

图 5-2-41

3. 投影滤镜

投影滤镜可以模拟不同的光源属性，如 Alpha 值、颜色值、偏移量和亮度值等，还可以对投影的样式应用自定义变形选项，包括内侧或外侧阴影和挖空模式，如图 5-2-42 所示。

图 5-2-42

除此之外，还有发光滤镜、渐变斜角滤镜、渐变发光滤镜等滤镜效果，感兴趣的读者可以尝试在滤镜选项中添加相应效果并调整参数，制作出更加丰富的效果。

5.3 任务 3——制作网站片头动画

Flash 网站片头动画以其独特的魅力在网站制作中倍受青睐。制作时，应根据网站的主题择取关键内容，并保证风格基调与网站相同，具体制作上应尽量"简"、"短"和"精"。本任务所制作的片头动画中，所有元素都取自于戏曲，以生、旦、净、末、丑等戏剧名词为线索，通过颇具古味的繁体文字、错落有致的戏剧脸谱，将网站的主题完美地表现了出来。

5.3.1　实例效果预览

本节实例效果如图 5-3-1 所示。

图 5-3-1

5.3.2　技能应用分析

1．本实例根据网站的内容和风格，选取京剧脸谱为主要的动画对象。

2．以京剧选段作为网站片头动画的配音，使观众完全融入到戏曲环境中。

3．背景文字采用具有古典特色的汉鼎繁淡古体，并且随意进行排列。

4．根据文字"生旦净末丑"的出现，运用脚本控制相对应的脸谱停止和放大。

5.3.3　制作步骤解析

（1）创建一个空白 Flash 文档（ActionScript 3.0），设置其大小为"700×400 像素"，其他参数保持默认值，然后将其保存到指定的文件夹中。

（2）执行"文件"→"导入"→"导入到库"命令，将素材文件夹中的声音文件和位图文件导入到影片的元件库中，便于后面制作时调用。

（3）将"图层 1"重命名为"黑框"，绘制一个比舞台大的黑色矩形，然后在黑色矩形旁边绘制一个 700×400 像素的白色矩形，并设置其位置为"X：0，Y：0"。利用"同色相焊接，异色相剪切"的属性，再次删除白色矩形，可得到一个类似于窗户口的黑色矩形。将该图层的显示方式设置为轮廓显示，延长至第 570 帧，最后在绘图工作区的上下两端再绘制出两个浅黑色的矩形挡边，如图 5-3-2 所示。

（4）在舞台的右下角输入文字"跳过片头"，设置其字体为"汉鼎繁淡古体"，字号为

14，颜色为"黑色"，如图 5-3-3 所示。

（5）按 F8 键将文字转换为一个按钮元件"跳转按钮"，然后为其添加一个发光的滤镜效果，设置"模糊 X/Y"均为 3，"强度"为 60%，"颜色"为"浅黑色（#333333）"，如图 5-3-4 所示。

图 5-3-2

图 5-3-3

图 5-3-4

（6）在"属性"面板中为该按钮添加实例名称 btn1。新建图层 AS，在其第 1 帧添加如下动作代码。

```
btn1.addEventListener(MouseEvent.CLICK, fl_ClickToGoToAndPlayFromFrame1);
function fl_ClickToGoToAndPlayFromFrame1(event:MouseEvent):void
{
    gotoAndStop(570);
}
```

（7）将第 570 帧转换为关键帧，删除其中的按钮元件（此时片头动画已经播放完毕，不再需要该元件）。

（8）锁定"黑框"图层，在其下方插入一个新的图层，将其命名为"背景"。从元件库中将位图文件 photo01 拖曳到该图层中，调整好其位置和大小，如图 5-3-5 所示。

图 5-3-5

（9）在"背景"图层绘图工作区的左下角，绘制一枚红色的印章，并将其转换为影片剪辑元件"印章"。通过"属性"面板为其添加一个发光的滤镜效果，设置"模糊 X/Y 的值"为 4，"强度"为 60%，"颜色"为红色，如图 5-3-6 所示。

图 5-3-6

（10）在"背景"图层的上方插入一个新的图层，将其命名为"脸谱"，将库中素材"脸谱 01"拖至该图层的绘图工作区中，并按 F8 键将其转换为影片剪辑元件"化妆"，然后通过"属性"面板为其添加一个发光的滤镜效果，设置"模糊 X/Y"为 20，"强度"为 40%，"颜色"为黑色，如图 5-3-7 所示。

（11）双击进入"化妆"元件的编辑窗口，插入一个新的图层，在该图层的第 10 帧中对照如图 5-3-8 所示的人物脸型，绘制出京剧脸谱上的白底色。

（12）在第 30 帧处插入关键帧，为第 10 帧创建补间形状动画，并修改第 10 帧中图形的填充色为透明白色，这样就得到了白底色渐渐显现的动画效果。

（13）参照上面的方法，在一个新的图层中，编辑出眼睛部位的黑色油彩逐渐显现的形状补间动画，如图 5-3-9 所示。

图 5-3-7　　　　　　　　　　　　　　　　　图 5-3-8

图 5-3-9

（14）使用同样的方法编辑出脸谱上其他油彩依次显现的动画效果，这样就完成了一个绘制脸谱的动画，如图 5-3-10 所示。

图 5-3-10

（15）选择最后一帧，为其添加动作代码 "stop();"。

（16）回到主场景中，将"脸谱"图层的第 130 帧和第 140 帧转换为关键帧，然后将第 140 帧中的影片剪辑"化妆"移动到舞台的右端，再选中第 130 帧创建传统补间动画，如图 5-3-11 所示。

（17）将第 141 帧转换为关键帧，在影片剪辑"化妆"上单击鼠标右键，在弹出的快捷菜单中选择"直接复制元件"命令，复制得到一个新的影片剪辑，将其命名为"脸谱"，如图 5-3-12 所示。

（18）进入该元件的编辑窗口中，除保留"图层 1"的第 1 帧外，删除其余所有帧，然后在第 1 帧中将库中的"脸谱 02"拖放至该帧，如图 5-3-13 所示。

图 5-3-11

图 5-3-12

图 5-3-13

（19）将该元件的第 2 ～ 21 帧全部转换为空白关键帧，并将库中"脸谱 03"～"脸谱 22"依次放置在第 2 ～ 21 帧处，如图 5-3-14 所示。

图 5-3-14

（20）回到主场景中，通过"属性"面板将元件"脸谱"的实例名称定义为 faceA。

（21）对影片剪辑"脸谱"进行复制，然后在绘图工作区的空白处单击鼠标右键，在弹出的快捷菜单中选择"粘贴到当前位置"命令，将复制的影片剪辑粘贴到原来的位置上，如图 5-3-15 所示。

图 5-3-15

（22）通过"属性"面板定义其实例名称为 face，再删除该影片剪辑上的滤镜效果。

（23）在脸谱图层的下方插入一个新的图层，将其命名为"文字"，在该图层的第 140 帧处插入关键帧，使用汉鼎繁淡古字体输入一些与京剧有关的黑色文字，然后调整它们大小和位置并进行组合，如图 5-3-16 所示。

图 5-3-16

（24）对文字组合进行复制，然后按 F8 键将其转换为影片剪辑元件"文字"。双击进入该元件的编辑窗口，将文字组合再转换为一个新的影片剪辑元件"移动文字 A"，并修改其透明度为 70%，如图 5-3-17 所示。

（25）双击进入元件"移动文字 A"的编辑窗口中，将所有的组合转换为影片剪辑元件"文字 A"，然后用 80 帧的长度编辑和文字向右移动的动画效果，如图 5-3-18 所示。

图 5-3-17

图 5-3-18

（26）回到影片剪辑"文字"的编辑窗口，延长图层的显示帧到第354帧。参照影片剪辑元件"移动文字A"的编辑方法，在一个新的图层中编辑出新的影片剪辑元件"移动文字B"，如图5-3-19所示。

图 5-3-19

（27）在"图层1"的下方插入一个新的图层，将"图层1"的第1帧复制并粘贴到该图层的第1帧上，然后修改该帧中影片剪辑的大小为原来的50%，透明度为40%，这样就得到了3层文字移动的动画，更具层次感，如图5-3-20所示。

图 5-3-20

（28）通过"属性"面板依次为 3 个图层中的影片剪辑设置实例名称为 wordA、wordB、wordC。

（29）在所有图层的上方插入一个新的图层，在该图层的第 41 帧中使用 180 号的黑色汉鼎繁淡古字体输入文字"生"，调整好位置，然后通过"属性"面板为其添加一个模糊的滤镜效果，设置"模糊 X"为 60，"模糊 Y"为 5，如图 5-3-21 所示。

图 5-3-21

（30）在第 42 帧处插入关键帧，将该帧中的文字向右移动，然后修改其"模糊 X"为 40，如图 5-3-22 所示。

（31）参照上面的方法，再用两帧编辑出文字"生"移动到舞台中央的动画，如图 5-3-23 所示。

（32）参照文字"生"移入的编辑方法，在第 80 ～ 83 帧间编辑出文字移出的动画效果，如图 5-3-24 所示。

（33）参照步骤（29）～步骤（32），编辑出文字"旦"、"净"、"末"、"丑"依次移入画面并移出的逐帧动画，然后分别为它们添加上相应的动作代码。选中第 354 帧，为其添加动作代码"stop();"，如图 5-3-25 所示。

图 5-3-22

图 5-3-23

图 5-3-24

图 5-3-25

（34）在所有图层的上方插入一个新的图层，在该图层中绘制一个覆盖舞台的矩形，使用"透明白色→白色→白色→透明白色"的线性渐变填充色对其进行填充，然后按 F8 键将其转换为影片剪辑元件"遮罩"，如图 5-3-26 所示。

图 5-3-26

（35）通过"属性"面板修改影片剪辑"遮罩"的"混合"模式为 Alpha。回到主场景中，将影片剪辑"文字"的"混合"模式设置为"图层"，这样就实现了对文字的模糊遮罩，如图 5-3-27 所示。

（36）双击进入"文字"影片剪辑，为影片剪辑添加动作脚本。新建"图层 6"，在该图层的第 44 帧处插入关键帧，打开"动作"窗口，添加如下动作代码。

```
import flash.display.MovieClip;
import fl.transitions.Tween;
import fl.transitions.easing.*;
MovieClip(root).faceA.gotoAndStop(13);
MovieClip(root).face.gotoAndStop(13);
```

```
var mc:MovieClip=MovieClip(root).face;
new Tween(mc, " alpha " ,Regular.easeOut,1,0,1,true);
new Tween(mc, " scaleX " ,Regular.easeOut,1,1.5,1,true);
new Tween(mc, " scaleY " ,Regular.easeOut,1,1.5,1,true);
```

图 5-3-27

（37）继续在该图层的第 80 帧处插入关键帧，添加如下动作代码，使影片剪辑 faceA
继续播放。

```
MovieClip(root).faceA.gotoAndPlay(14);
```

（38）使用同样的方法在之后的第 113、149、179、215、248、284、315 和 350 帧处
分别添加步骤（36）和步骤（37）的动作脚本，修改其中的停止和播放帧数，使得当画面
中出现"生"、"旦"、"净"、"末"、"丑"时分别出现与其相应的脸谱效果。

（39）在"文字"图层的第 160 帧处插入关键帧，将第 140 帧中的影片剪辑"文字"
的 Alpha 值设置为 0%，创建第 140 ～ 160 帧之间的传统补间动画，实现文字的淡入效果，
如图 5-3-28 所示。

图 5-3-28

（40）在第 520 ～ 540 帧之间，分别编辑出影片剪辑"脸谱"和"文字"淡出舞台的动画效果，如图 5-3-29 所示。

图 5-3-29

（41）在"脸谱"图层的第 541 帧处插入关键帧，将库中的"画面 1"和"画面 2"拖入舞台，输入一段与京剧相关的文字，设置文字颜色为"#ACACAC"，Alpha 值为 10%，如图 5-3-30 所示。

图 5-3-30

（42）框选这 3 部分内容，按 F8 键将其转换为影片剪辑元件"进入界面"，通过"属性"面板为其添加一个发光的滤镜效果，设置"模糊 X/Y"为 30，"强度"为 60%，颜色为红色，如图 5-3-31 所示。

（43）在第 541 ～ 550 帧之间，编辑出影片剪辑"进入界面"淡入的动画效果，如图 5-3-32 所示。

图 5-3-31

图 5-3-32

（44）在"文字"图层的第 550 帧处插入空白关键帧，编辑出网站的名称"梨园戏剧进入"，再将其转换为按钮元件"按钮"，并添加一个黑色发光的滤镜效果，然后在第 550 ～ 570 帧之间，编辑出该按钮元件淡入的动画效果，如图 5-3-33 所示。

图 5-3-33

（45）为第 570 帧添加动作代码"stop();"。

（46）双击按钮元件"按钮"，进入其编辑窗口，将"点击"帧转换为空白关键帧，然后对照文字"进入"的位置，绘制一个矩形，作为该按钮的反应区，如图 5-3-34 所示。

图 5-3-34

（47）回到主场景，选中"黑框"图层的第 1 帧，为其添加声音文件 sound01，设置"同步"方式为"数据流"。

（48）保存文件，测试影片。

5.3.4　知识点总结

在本节实例中，使用滤镜、混合和动作脚本 3 种方式完成了网站片头动画的制作。

（1）导入宣纸纹理图案作为影片背景，应用中国戏剧中的角色脸谱和戏曲音乐背景，展现传统曲艺文化主题。

（2）脸谱的快速变换动画，与对应的戏剧角色类型、介绍文字动画紧密结合，不仅使动画效果引人入胜，而且展现了戏曲特色，介绍了各种脸谱的角色名称，起到了宣传文化、推广戏曲的作用。

（3）应用混合功能编辑模糊遮罩动画，美化文字及戏剧角色图形的画面效果，使每个画面元素都精致、美观，将传统文化的艺术特色展现得淋漓尽致，给人一种赏心悦目的视觉享受。

5.4　任务 4——制作文化节宣传动画

本任务将制作一个景点文化节的宣传动画，要求突出景点的宣传主题、动画要有一个灵动的节奏，使整个动画效果显得生机勃勃。制作过程中通过调用事先准备好的 Flash 文件以及其他影片剪辑的运用制作出动画。镜头与镜头之间可以采取直接跳帧、空一帧、淡入淡出、叠印等形式。

5.4.1　实例效果预览

本节实例效果如图 5-4-1 所示。

图 5-4-1

5.4.2　技能应用分析

1．在准备好的 Flash 文件基础上制作动画。

2．运用刷子工具绘制树干以及树枝图形，运用铅笔工具绘制花瓣图形，添加影片剪辑元件，制作花瓣旋转动画。

3．制作梅花图形，运用制作好的梅花图形装饰绘制好的树，并制作树的动画。

4．导入背景图片，制作文字特效以及动画的后期效果。

5.4.3　制作步骤解析

（1）执行"文件"→"打开"命令，选择"素材"文件夹中的 fish.fla 文件，将其打开，在此基础上制作动画，如图 5-4-2 所示。

（2）该文件是事先准备好的 Flash 动画文件，里面有三条"金鱼"可以在画面中自由游动，可以直接调用该文件。

（3）将"图层 1"命名为 fish，然后在该图层下方新建图层，命名为 bg1。使用矩

图 5-4-2

形工具绘制一个矩形，设置宽度为 550，高度为 400，坐标位置为"0、0"。

（4）在"颜色"面板上设置矩形的颜色为"浅灰色（#ECEBD6）"，如图 5-4-3 所示。

（5）按 Ctrl+F8 组合键新建一个图形元件，命名为 flower1，然后选择铅笔工具，设置笔触颜色为"粉红色（# FF71BD）"，在工作区中绘制一个"花瓣"图形，并填充为"粉红色（# FFCEE7）"，如图 5-4-4 所示。

图 5-4-3

（6）选择铅笔工具，设置笔触颜色为"黑色"，在花瓣上绘制一条线段，将花瓣分成一大一小两部分，小的部分填充为"淡粉色（# FFF0F8）"，如图 5-4-5 所示。将黑色线段删除，效果如图 5-4-6 所示。

图 5-4-4   图 5-4-5   图 5-4-6

（7）单击舞台左上角的"场景 1"按钮，返回主场景。然后在图层"fish"上方新建图层，命名为 tree，选择刷子工具，设置填充颜色为"黑色"，在舞台中绘制一段"树干"，如图 5-4-7 所示。

（8）将绘制的"树干"全部选中，按 F8 键将其转换为名称为 tree 的影片剪辑元件。然后双击该元件进入编辑窗口。

（9）将"图层 1"命名为 tree，然后在其上方新建图层，命名为 zhi1。使用刷子工具在工作区中的树干上绘制一段树枝，如图 5-4-8 所示。

图 5-4-7   图 5-4-8

（10）新建图层，命名为 zhi2。使用刷子工具在工作区中的树干上绘制一段树枝，如图 5-4-9 所示。

（11）新建图层，命名为 zhi3。使用刷子工具在工作区中的树干上绘制一段树枝，如图 5-4-10 所示。

图 5-4-9　　　　　　　　　　　　图 5-4-10

（12）将图层 zhi1 中的"树枝"选中，将其转换为影片剪辑元件 tree01，双击进入编辑窗口，从库面板将图形元件 flower1 拖入工作区中，将其复制几个，组合成为"梅花"图形，如图 5-4-11 所示。

（13）选择后边的两个"花瓣"，在"属性"面板上展开"色彩效果"选项，设置亮度为"–12%"，使花瓣产生距离感，如图5-4-12所示。

图 5-4-11　　　　　　　　　图 5-4-12

（14）选择椭圆工具，设置笔触颜色为"无色"，填充颜色为"任意颜色"，绘制一个椭圆。然后打开"颜色"面板，设置类型为"放射状渐变"，设置颜色为"黄色（#FFFF00）→橙色（#FF6600）"的渐变色，并运用渐变变形工具对椭圆的颜色进行调整，绘制出"花芯"，如图 5-4-13 所示。将绘制好的"花芯"放到"花瓣"的中间，如图 5-4-14 所示。

图 5-4-13　　　　　　　　　图 5-4-14

（15）将绘制好的"梅花"图形按 Ctrl+G 组合键群组后，放置到"树枝"的顶端，并调整好大小和角度，如图 5-4-15 所示。

（16）将"花"和"树枝"群组后，转换为图形元件 tree001，使用任意变形工具调整其旋转中心点到右下角的位置，即如图 5-4-16 所示鼠标所指的位置。

图 5-4-15   图 5-4-16

（17）在第 40 帧和 80 帧分别按 F6 键插入关键帧，选择第 40 帧的元件，使用任意变形工具将其向下旋转一定角度，然后在第 1 ～ 40 帧、第 40 ～ 80 帧之间创建传统补间动画，如图 5-4-17 所示。

（18）依照步骤（15）～步骤（17）的制作方法，依次为图层 zhi2、zhi3 上的树枝添加梅花图形，并制作出动画效果，分别如图 5-4-18 和图 5-4-19 所示。

图 5-4-17

图 5-4-18   图 5-4-19

（19）单击影片剪辑 tree 的编辑窗口，新建图层命名为 flower，在该图层中放置一些梅花作为装饰，如图 5-4-20 所示。

（20）新一个名称为 flower 的影片剪辑元件，将图形元件 flower1 从库面板拖入工作区中，在第 17 帧和第 44 帧处插入关键帧，然后使用任意变形工具将第 17 帧的花瓣图形进行变形，如图 5-4-21 所示。

图 5-4-20　　　　　　　　　　　　　图 5-4-21

（21）在第 20 帧、23 帧、26 帧、33 帧分别插入关键帧，并依次对花瓣图形进行变形，如图 5-4-22 ～图 5-4-25 所示。

图 5-4-22　　　　　　图 5-4-23　　　　　　图 5-4-24　　　　　　图 5-4-25

（22）在第 1 ～ 17 帧、17 ～ 20 帧、20 ～ 23 帧、23 ～ 26 帧、26 ～ 33 帧、33 ～ 44 帧之间创建传统补间动画。

（23）返回"场景 1"舞台。在图层 tree 的上面新建一个图层，命名为 flower，在第 35 帧处插入空白关键帧，将影片剪辑元件 flower 拖入舞台中，调整大小和角度，使其与梅花的花瓣对齐，如图 5-4-26 所示。

（24）在图层 flower 上方新建图层，命名为 line，在第 35 帧处插入空白关键帧，使用铅笔工具将花瓣的位置作为起始点绘制一条曲线，如图 5-4-27 所示。

图 5-4-26   图 5-4-27

（25）选择图层 line，右键单击，在弹出的快捷菜单中选择"引导层"命令，如图 5-4-28 所示。将该图层转换为引导层，此时要确保图层 line 的图标变为 ，才表示引导层已经起作用了。

（26）在图层 flower 的第 91 帧处插入关键帧，并将花瓣的位置调整到曲线的下方，使其吸附到曲线下方的端点上，如图 5-4-29 所示。

（27）在第 35～91 帧之间创建传统补间动画，然后选择第 35 帧，打开"属性"面板，选中"调整到路径"复选框，如图 5-4-30 所示。

图 5-4-28   图 5-4-29   图 5-4-30

（28）新建一个名称为 wave1 的图形元件，在工作区中使用椭圆工具绘制一个正圆图形，再绘制一个比它稍微小一点的正圆，填充为不同的颜色，将两个圆中心对齐，然后将小圆删除，制作出一个圆环，如图 5-4-31 所示。

图 5-4-31

（29）选中圆环图形，在"颜色"面板上选择"放射状渐变"，设置渐变颜色为"白色→绿色（#9ECFB1）"，其中，白色色标的 Alpha 值为 0%。接着使用"渐变变形工具"对填充效果进行调整，如图 5-4-32 所示。

（30）新建一个名称为 wave 的影片剪辑元件，将图形元件 wave1 拖入工作区中，在第 30 帧处插入关键帧，选择第 1 帧中的元件，使用"任意变形工具"将其缩小，选择第 30 帧中的元件，在"属性"面板的"色彩效果"下拉列表框中选择"Alpha"选项，设置其值为 0%，在第 1 ～ 30 帧之间创建传统补间动画。

（31）全选第 1 ～ 30 帧，右键单击，在弹出的快捷菜单中，选择"复制帧"命令，新建一个图层，在第 10 帧右击，在弹出的快捷菜单中选择"粘贴帧"命令，将复制的帧粘贴到图层 2 上。然后依次新建图层 3，在第 15 帧执行"粘贴帧"命令。新建图层 4，在第 20 帧执行"粘贴帧"命令。新建图层 5，在第 25 帧执行"粘贴帧"命令。制作出波纹的效果如图 5-4-33 所示。

图 5-4-32　　　　　　　　　　　　　　　　　图 5-4-33

（32）回到"场景 1"舞台中。在图层 line 的上方新建图层，命名为 flower1，在第 92 帧处插入空白关键帧，将图形元件 flower1 拖入舞台，调整位置和大小，如图 5-4-34 所示。

（33）将舞台中的图形元件转换为名称为"water flower"的影片剪辑元件。双击该元件，进入编辑窗口，新建一个图层 2，使用"铅笔工具"在工作区中绘制一段曲线，如图 5-4-35 所示。

图 5-4-34　　　　　　　　　　　　　　　　　图 5-4-35

（34）右键单击"图层2"，在弹出的快捷菜单中选择"引导层"命令，将其转换为引导层，然后在第120帧按F5键插入普通帧。在"图层1"的第120帧处插入关键帧，然后分别调整第1帧和第120帧的花瓣，使其吸附到曲线的两个端点上，接着在第1～120帧之间创建传统补间动画，如图5-4-36所示。

（35）返回"场景1"舞台，在图层line的上方新建一个图层，命名为wave。在第93帧处插入空白关键帧，从库面板上将元件wave拖入舞台上，放置在花瓣的下面，并使用"任意变形工具"将元件的高度缩小，如图5-4-37所示。

图 5-4-36　　　　　　　　　　　　　　　　　图 5-4-37

（36）分别在图层wave和flower1的第201帧按F5键插入普通帧。然后执行"文件"→"导入"→"导入到库"命令，将素材文件夹中的j01.jpg导入到库中。接着在所有图层的最下面新建图层，命名为bg，并从库面板中将图片j01.jpg拖入舞台中，调整位置和大小，如图5-4-38所示。

（37）在第201帧处插入关键帧，并将该帧中的图片转换为图形元件pic，在第203帧处插入关键帧，在"属性"面板上设置图形元件pic的宽度为550，高度为277，坐标为"0、61.6"，如图5-4-39所示。

图 5-4-38　　　　　　　　　　　　　　　　　图 5-4-39

（38）选择第201帧中的元件，在"属性"面板上的"色彩效果"选项的下拉列表框中选择"Alpha"选项，设置其值为0%，创建第201～203帧之间的传统补间动画。

（39）在图层"bg1"的第201帧和第203帧分别插入一个关键帧，并将第203帧中的图形Alpha值设置为0%，在第201～203帧之间创建传统补间动画。

（40）在图层 fish 和 tree 的第 201 帧和第 203 帧分别插入关键帧，然后将这两个图层的第 203 帧中的元件同时选中，一起缩小并调整位置，之后将其 Alpha 设置为 0%，在第 201 ～ 203 帧之间创建传统补间动画。此时的时间轴如图 5-4-40 所示，中间变化效果如图 5-4-41 所示。

图 5-4-40

（41）在图层 flower1 的上方新建图层，命名为 di-1，在第 206 帧处插入空白关键帧，选择"矩形工具"，设置笔触颜色为"无色"，填充颜色为"红色（# FF0000）"，在舞台中绘制一个红色矩形，如图 5-4-42 所示。

图 5-4-41　　　　　　　　　　图 5-4-42

（42）选择绘制的矩形，将其转换为图形元件 ban01，使用任意变形工具将该元件的旋转中心点调整到右下角，即如图 5-4-43 所示的鼠标所指的位置。

（43）在第 217 帧处插入关键帧，选择第 206 帧中的矩形元件，使用"任意变形工具"将其向右旋转，如图 5-4-44 所示，然后在第 206 帧到 217 帧之间创建传统补间动画。

图 5-4-43　　　　　　　　　　图 5-4-44

（44）在图层 di-1 的上方新建图层，命名为 di-2。在第 206 帧处插入空白关键帧，选择"矩形工具"，设置笔触颜色为"无色"，填充颜色为"红色（#FF0000）"，在舞台中绘制一个红色矩形，如图 5-4-45 所示。

（45）选择绘制的矩形，将其转换为图形元件 ban02，使用任意变形工具将该元件的旋转中心点调整到右上角，即如图 5-4-46 所示的鼠标所指的位置。

图 5-4-45　　　　　　　　　　　　　　　图 5-4-46

（46）在第 217 帧处插入关键帧，选择第 206 帧中的矩形元件，使用"任意变形工具"将其向右旋转，如图 5-4-47 所示，然后在第 206 ～ 217 帧之间创建传统补间动画。

（47）在图层 di-1 和 di-2 的第 425 帧按 F5 键插入普通帧。然后在图层 di-2 的上面新建图层，命名为 dang。

（48）在第 222 帧处插入空白关键帧，选择"矩形工具"，设置笔触颜色为"无色"，填充颜色为"白色"，在舞台中绘制一个白色矩形，使其挡住舞台中的图片，如图 5-4-48 所示。

图 5-4-47　　　　　　　　　　　　　　　图 5-4-48

（49）在 230 帧处插入关键帧，选择该帧中的白色矩形，在"颜色"面板上设置 Alpha 值为 50%。选择第 222 帧中的白色矩形，设置 Alpha 值为 0%。在第 222 ～ 230 帧之间创建形状补间动画，如图 5-4-49 所示。

图 5-4-49

（50）在图层 dang 的上方新建图层，命名为 text1。在第 230 帧处插入空白关键帧，使用"文本工具"在舞台上输入文字"祁山梅花"，设置字体为"方正综艺简体"，字体颜色为"黑色"，将文字打散为图像，并转换为图形元件 qishan，文字的大小和位置如图 5-4-50 所示。

（51）在图层 text1 的上方新建图层，命名为 mask，在第 230 帧处插入空白关键帧，选择"矩形工具"，设置笔触颜色为"无色"，填充颜色为"任意颜色"，在舞台中绘制一个矩形，将舞台中的文字盖住，如图 5-4-51 所示。

图 5-4-50　　　　　　　　　　　图 5-4-51

（52）在第 234 帧处插入关键帧，选择第 230 帧中的矩形，使用"任意变形工具"将矩形向左将宽度缩小为 1，在第 230 ~ 234 帧之间创建形状补间动画，如图 5-4-52 所示。在图层 mask 上右键单击，执行"遮罩层"命令，将图层 mask 设置为遮罩层。

（53）在图层 text1 的第 235 帧、237 帧、239 帧、241 帧、243 帧、247 帧和 249 帧分别插入关键帧，并分别将第 235 帧、239 帧、243 帧和 247 帧中的文字元件的"亮度"设置为 100%，在第 425 帧处插入普通帧，如图 5-4-53 所示。

（54）在图层 mask 的上方新建图层，命名为 text2。在第 240 帧处插入空白关键帧，使用"文本工具"输入文字"文化节"，设置"字体"为"方正舒体"、"字体颜色"为"红色（#FF0000）"，将文字打散为图像，并转换为图形元件 jie，文字大小和位置如图 5-4-54 所示。

（55）在第 249 帧处插入关键帧，将舞台中的文字元件向下移动一段距离，选择第 249 帧的文字元件，设置其 Alpha 值为 0%，在第 240 帧和 249 帧之间创建形状补间动画，在第 425 帧处插入普通帧，如图 5-4-55 所示。

图 5-4-52

图 5-4-53

图 5-4-54

图 5-4-55

（56）创建一个名称为 line 的图形元件，选择"矩形工具"，设置笔触颜色为"无色"，填充颜色为"任意颜色"，在工作区中绘制一个矩形，设置矩形宽度为 3、高度为 250。然后在"颜色"面板上设置为"线性渐变"，渐变颜色为"白色（Alpha 值为 0%）→白色（Alpha 值为 100%）→白色（Alpha 值为 0%）"，并使用"渐变变形工具"调整渐变色填充方向，如图 5-4-56 所示。

（57）返回"场景 1"舞台。在图层"text2"上方新建图层，命名为"line-1"，在第 240 帧处插入空白关键帧，从库面板中将图形元件"line"拖入舞台中，放置到舞台的左边，如图 5-4-57 所示。

图 5-4-56

图 5-4-57

（58）在第 243 帧处插入关键帧，向右移动元件 line 到舞台的中部偏右的位置，如图 5-4-58 所示；在第 245 帧处插入关键帧，将元件向左移动一段距离，如图 5-4-59 所示；在第 247 帧处插入关键帧，将元件向右移动一段距离，如图 5-4-60 所示；在第 249 帧处插入关键帧，将元件向左移动一段距离，并设置第 249 帧中元件的 Alpha 值为 0%，如图 5-4-61 所示；接着依次在第 240 ～ 243 帧、第 243 ～ 245 帧、第 245 ～ 247 帧、第 247 ～ 249 帧之间创建传统补间动画。

图 5-4-58

图 5-4-59

图 5-4-60

图 5-4-61

(59) 在图层 line-1 上方新建图层，命名为 line-2，在第 240 帧处插入空白关键帧，从库面板中将图形元件 line 拖入舞台中，将其旋转 90°，放置到舞台的下方，如图 5-4-62 所示。

（60）在第 243 帧处插入关键帧，向上移动元件 line 到舞台的中部偏上的位置，如图 5-4-63 所示；在第 245 帧处插入关键帧，将元件向下移动一段距离，如图 5-4-64 所示；在第 247 帧插入关键帧，将元件向上移动一段距离，如图 5-4-65 所示；在第 249 帧处插入关键帧，将元件向下移动一段距离，并设置第 249 帧中元件的 Alpha 值为 0%，如图 5-4-66 所示；接着依次在第 240 ～ 243 帧、第 243 ～ 245 帧、第 245 ～ 247 帧、第 247 ～ 249 帧之间创建传统补间动画。

图 5-4-62   图 5-4-63

图 5-4-64   图 5-4-65

（61）在图层 line-2 上方新建图层，命名为 text3，在第 250 帧处插入空白关键帧，使用"文本工具"在舞台上输入文字"来祁山"，设置字体为"汉仪琥珀体简"，字体颜色为"黑色"，将文字打散成为图形并群组，文字的位置和大小如图 5-4-67 所示。

图 5-4-66   图 5-4-67

（62）在第 275 帧处插入关键帧，将文字向右移动一段距离，在第 250 ～ 275 帧之间创建传统补间动画，选择第 250 帧中的文字，设置其 Alpha 值为 0%，并设置该帧的缓动值为 100，如图 5-4-68 所示。在第 425 帧处插入普通帧。

（63）在图层 text3 上方新建图层，命名为 text4，在第 250 帧处插入空白关键帧，使用"文本工具"在舞台上输入文字"观梅"，设置字体为"汉仪琥珀体简"，字体颜色为"黑色"，将文字打散成为图形并群组，文字的位置和大小如图 5-4-69 所示。

图 5-4-68　　　　　　　　　　　图 5-4-69

（64）在第 275 帧处插入关键帧，将文字向左移动一段距离，在第 250 ～ 275 帧之间创建传统补间动画，选择第 250 帧中的文字，设置其 Alpha 值为 0%，并设置该帧的缓动值为 100，如图 5-4-70 所示。在第 425 帧处插入普通帧。

（65）在图层 text4 上方新建图层，命名为 text5，在第 250 帧处插入空白关键帧，依照上面的方法，在第 250 ～ 275 帧之间制作出文字"赏水"的动画效果，并在第 425 帧处插入普通帧，如图 5-4-71 所示。

图 5-4-70　　　　　　　　　　　图 5-4-71

（66）在图层 text5 上方新建图层，命名为 logo，在第 219 帧处插入空白关键帧，执行"文件"→"导入"→"导入到库"命令，将素材文件夹中的 text1.swf 导入到库中，并将该文件拖入舞台中，放置在舞台的右上角，位置和大小如图 5-4-72 所示。在第 425 帧处插入普通帧。

（67）执行"控制"→"测试影片"命令，对影片进行测试，效果如图 5-4-73 所示。

图 5-4-72　　　　　　　　　　　图 5-4-73

5.4.4　知识点总结

在制作广告动画时，为了快速高效地表现出动画效果，可以引用一些现成的 Flash 动画，这样可以丰富自己的动画内容，使设计的动画更具有吸引力。

另外，在本实例制作过程中，梅花、树的绘制要有耐心，颜色填充和动作设置要注意细节；在红色矩形的动画制作中要注意旋转中心点的调整；在线条移动动画制作时要注意动画节奏的控制。

项 **6** 目
PROJECT

网站导航条及整站动画制作

Flash 整体网站动画以其独有的美观性越来越受到人们的欢迎，其内容涵盖了网站片头、网站导航和多个栏目页面的设计与制作。尤其是网站导航栏特效的制作，在网站的推广中有着非常关键和重要的作用。对于 Flash 整体网站动画来说，制作的重点在于栏目之间的跳转，因此，在学习过程中读者要多注意 ActionScript 动作脚本的应用。

6.1 任务 1——制作摄影网站导航

摄影网站的导航栏目命名要清晰易懂，与网站展示的内容要相关联；栏目结构要层级分明、条理清晰，导航条的位置要明显、统一；另外，在设计导航动画效果时，要注意图文结合、静动呼应，将重点内容加以强调，以此来吸引用户的注意力。

6.1.1 实例效果预览

本节实例效果如图 6-1-1 所示。

图 6-1-1

6.1.2　技能应用分析

1．设置舞台属性，导入需要的素材做背景。

2．制作出导航栏目由上而下逐渐显现的动画效果。

3．综合应用遮罩动画和传统补间动画制作出文字及郁金香的动画效果。

4．添加动作脚本，使用 Tween 类制作出小图标随鼠标移动的动画效果。

6.1.3　制作步骤解析

（1）新建一个 Flash 文件，在"属性"面板上设置动画帧频为 30fps，舞台尺寸为"218×548 像素"，舞台颜色为"红褐色（#CC6633）"。

（2）按 Ctrl+F8 组合键创建一个新的影片剪辑元件"导航动画"，在时间轴上将"图层 1"命名为"导航背景"，执行"文件"→"导入"→"导入到舞台"命令将素材文件"导航背景 .png"导入到舞台上，设置其坐标位置为"X：0，Y：0"，如图 6-1-2 所示。然后按 F5 键将"导航背景"图层延长到第 50 帧。

（3）新建图层，命名为 photo，使用文本工具输入文字"PHOTO"，设置字体为 Arial，字体大小为"40 点"，颜色为任意色。然后选中文本框，按 F8 键将其转换为图形元件 photo，双击该元件进入编辑窗口，在"图层 1"的下面新建图层，绘制一个略大于文本框的矩形，填充颜色由上向下为"浅灰色（#98A8C2）→灰色（#69627E）"的线性渐变，如图 6-1-3 所示。

（4）在时间轴上右键单击"图层 1"，在弹出的快捷菜单中选择"遮罩层"命令，使文字对渐变填充的矩形起遮罩作用，得到渐变文字效果，如图 6-1-4 所示。

（5）返回到"导航动画"编辑窗口，调整 photo 元件的坐标位置为"X：29，Y：44"，然后在第 11 帧处插入关键帧，调整纵坐标位置为"Y：124"，并在第 1～11 帧之间创建传统补间动画。

图 6-1-2

图 6-1-3

（6）新建图层，命名为"遮罩"，使用矩形工具绘制一个任意颜色的矩形，如图 6-1-5

所示。然后右键单击"遮罩"图层，在弹出的快捷菜单中选择"遮罩层"命令，使其对下面
的 photo 元件起作用，制作出文字运动效果。

图 6-1-4　　　　　　　　　　　　图 6-1-5

（7）新建图层，命名为 portfolio，在第 17 帧处插入空白关键帧，输入文字
"portfolio"，设置字体大小为"40 点"，颜色为"青灰色（#374459）"。然后选中文本框，
按 F8 键将其转换为图形元件 portfolio，并双击该元件进入编辑窗口。在第 30 帧处按 F5
键延长帧，新建图层，使用刷子工具沿着字母"P"的第一个笔画进行描绘，如图 6-1-6
所示；接着在第 2 帧处插入关键帧，继续描绘出第二个笔画，如图 6-1-7 所示。依照此方
法，依次插入关键帧并描绘出字体的部分笔画，最后描绘出的效果如图 6-1-8 所示。

图 6-1-6　　　　　　　　　图 6-1-7　　　　　　　　　图 6-1-8

（8）右键单击"图层 2"，在弹出的快捷菜单中选择"遮罩层"命令，制作出文字书
写动画效果，并在最后一个关键帧上添加动作代码"stop();"，避免文字动画重复播放。

（9）按 Ctrl+F8 组合键创建一个新的影片剪辑元件"郁金香"，执行"文件"→"导
入"→"导入到舞台"命令，将素材文件"郁金香 .png"导入到舞台上，设置其坐标位置
为"X：0，Y：0"，如图 6-1-9 所示。

（10）按 F8 键将郁金香图片转换为图片元件"花朵"，然后在第 10 帧、第 25 帧处分
别插入关键帧，调整第 1 帧元件的大小为原来的 40%，Alpha 值为 0%，第 10 帧元件的亮
度值为 85%，接着在第 1 ～ 10 帧和第 10 ～ 25 帧之间创建传统补间动画，制作出花朵逐
渐放大并显现的动画效果，并在最后一个关键帧上添加动作代码"stop();"。

（11）进入"导航动画"编辑窗口，新建图层，命名为"郁金香"，在第 25 帧处插
入空白关键帧，从库中将刚才制作好的"郁金香"元件拖入舞台，设置坐标位置为"X：-
80，Y：160"。

图 6-1-9

（12）新建图层，命名为"关于我们"，在第 21 帧处插入空白关键帧，使用文本工具输入文字"关于我们"，设置字体为"黑体"，字体颜色为"黑色"，字体大小为"24 点"，坐标位置为"X：80，Y：310"，如图 6-1-10 所示。

（13）选中文字，转换为影片剪辑元件"关于我们"，并在"属性"面板上将该元件的实例名称命名为 btn1。然后在第 31 帧处插入关键帧，调整第 21 帧中元件的纵坐标位置为"Y：280"，Alpha 值为 0%，在第 21 ～ 31 帧之间创建传统补间动画。

（14）新建图层，命名为"视觉空间"，在第 23 帧处插入空白关键帧，输入文字"视觉空间"，设置坐标位置为"X：80，Y：320.25"，如图 6-1-11 所示。

图 6-1-10

图 6-1-11

（15）选中文字，转换为影片剪辑元件"视觉空间"，并在"属性"面板上将该元件的实例名称命名为 btn2。然后在第 33 帧处插入关键帧，调整第 23 帧中元件的纵坐标位置为"Y：320"，Alpha 值为 0%，在第 23 ～ 33 帧之间创建传统补间动画。

（16）新建图层，命名为"影像故事"，在第 25 帧处插入空白关键帧，输入文字"影像故事"，设置坐标位置为"X：80，Y：390"，如图 6-1-12 所示。

（17）选中文字，转换为影片剪辑元件"影像故事"，并在"属性"面板上将该元件的实例名称命名为 btn3。然后在第 35 帧处插入关键帧，调整第 25 帧中元件的纵坐标位置为"Y：360"，Alpha 值为 0%，在第 25 ～ 35 帧之间创建传统补间动画。

（18）新建图层，命名为"会员服务"，在第 27 帧处插入空白关键帧，输入文字"会员服务"，设置坐标位置为"X：80，Y：430"，如图 6-1-13 所示。

（19）选中文字，转换为影片剪辑元件"会员服务"，并在"属性"面板上将该元件的实例名称命名为 btn4。然后在第 37 帧处插入关键帧，调整第 27 帧中元件的纵坐标位置为"Y：400"，Alpha 值为 0%，在第 27 ～ 37 帧之间创建传统补间动画。

图 6-1-12　　　　　　　　　　　　　　　图 6-1-13

（20）新建图层，命名为"图标"，在第 38 帧处插入空白关键帧，执行"文件"→"导入"→"导入到舞台"命令，将素材文件"图标 .png"导入到舞台上，设置其坐标位置为"X：50，Y：180"，如图 6-1-14 所示。按 F8 键将其转换为影片剪辑元件 tb，并在"属性"面板上将元件的实例名称命名为 tb，以备后用。

图 6-1-14

（21）新建图层，在第 38 帧处插入空白关键帧，然后打开"动作"面板，输入如下代码。

```
import flash.events.MouseEvent;
import fl.transitions.Tween;
import fl.transitions.easing.*;
stop();
```

```
tb.visible=false;
btn1.addEventListener(MouseEvent.ROLL_OVER,gywm);
function gywm(e:MouseEvent):void{
    tb.visible=true;
    new Tween(tb, " y ",Elastic.easeOut,tb.y,btn1.y,1,true);
}
btn2.addEventListener(MouseEvent.ROLL_OVER,sjkj);
function sjkj(e:MouseEvent):void{
    tb.visible=true;
    new Tween(tb, " y ",Elastic.easeOut,tb.y,btn2.y,1,true);
}
btn3.addEventListener(MouseEvent.ROLL_OVER,yxgs);
function yxgs(e:MouseEvent):void{
    tb.visible=true;
    new Tween(tb, " y ",Elastic.easeOut,tb.y,btn3.y,1,true);
}
btn4.addEventListener(MouseEvent.ROLL_OVER,hyfw);
function hyfw(e:MouseEvent):void{
    tb.visible=true;
    new Tween(tb, " y ",Elastic.easeOut,tb.y,btn4.y,1,true);
}
```

（22）返回"场景 1"，从库中将元件"导航动画"拖入舞台，设置坐标位置为"X：0，Y：0"。至此，摄影网站的导航制作完毕，按 **Ctrl+Enter** 组合键预览动画效果，修改完毕后执行"文件"→"保存"命令将制作好的源文件进行保存，在任务 2 的整站动画中要用到该导航效果。

6.1.4 **知识点总结**

在本实例的制作中，应用到之前学习过的事件侦听器和缓动类，使影片剪辑的运动、缩放和淡入淡出等动画呈非线形变化，效果更加逼真。具体应用要点和方法可参照项目 4。

6.2 任务 2——制作摄影网站

摄影网站首页的形象要鲜明，要符合用户的喜好和摄影的特点，要尽量营造一种亲切、甜蜜、浪漫的氛围。网站的介绍要尽量浅显、生动，所以在设计摄影类网站的动画效果时，可以对展示的图片和文字做一些简单的动画效果，避免常规网站的枯燥、呆板之感，增加用户的阅读兴趣。

6.2.1　实例效果预览

本节实例效果如图 6-2-1 所示。

图 6-2-1

6.2.2　技能应用分析

1．应用逐帧动画和遮罩动画制作出动画序列飞入舞台并悬挂在钉子上的动画效果。

2．逐一制作出每个页面的动画效果，包括页面内部图片的明暗变化、缩放等动画效果。

3．将 4 个页面组合在一个影片剪辑内，通过添加动作脚本对其进行控制。

4．添加背景音乐，并进行编辑，制作出淡入淡出的效果。

6.2.3　制作步骤解析

子任务 1　制作导航呈现的动画效果

（1）新建一个 Flash 文件，在"属性"面板上设置动画帧频为 30fps，舞台尺寸为"766×750 像素"。在时间轴上将"图层 1"命名为"背景"，使用矩形工具绘制一个与舞台尺寸相同的矩形，设置其坐标位置为"X：0，Y：0"，笔触颜色为"无"，填充颜色为"浅褐色（#B8722E）→白色"的线性渐变，并使用渐变变形工具将渐变色调整为如图 6-2-2 所示的效果。

图 6-2-2

（2）将"背景"图层延长到第 185 帧。接着按 Ctrl+F8 组合键创建新的图形元件"动画序列"，执行"文件"→"导入"→"导入到库"命令，将素材文件"图片序列"文件夹中的所有图片全部导入，然后从库中将图片 image1.png 拖入舞台，设置坐标位置为"X：0，Y：0"，在第 2 帧处插入空白关键帧，拖入图片 image2.png，同样放在"X：0，Y：0"的位置，接着依次在第 3～31 帧之间逐一放入库面板中的 image3.png～image31.png 图片，并将帧延长到第 42 帧。此时的效果及时间轴状态如图 6-2-3 所示。

（3）返回"场景 1"，新建图层，命名为"动画序列"，在第 2 帧处插入空白关键帧，从库中将制作好的元件"动画序列"拖入舞台，设置坐标位置为"X：0，Y：0"，并在第 37 帧处插入空白关键帧。

（4）新建图层，在第 7 帧处插入空白关键帧，执行"文件"→"导入"→"导入到库"命令，将素材文件"钉子.png"导入到库中，并将其拖入舞台，设置坐标位置为"X：340，Y：92"，在第 37 帧处插入空白关键帧，此时第 36 帧的效果如图 6-2-4 所示。

图 6-2-3

图 6-2-4

（5）新建图层，命名为"遮罩"，在第 7 帧处插入空白关键帧，使用矩形工具在钉子的位置绘制一个颜色较深的矩形，使其暂时将钉子遮挡起来，如图 6-2-5 所示。

（6）为第 13～32 帧之间的每个帧逐一插入关键帧，在时间轴上单击"遮罩"图层的"显示轮廓"按钮，使矩形以轮廓状态显示，如图 6-2-6 所示。

| 图 6-2-5 | 图 6-2-6 |

（7）选择第 13 帧，使用橡皮擦工具在钉子与白色图片相交的位置进行涂抹，在应该被遮挡住的钉子部位将矩形擦除一部分，如图 6-2-7 所示。

（8）选择第 14 帧，同样使用橡皮擦工具在应该被遮挡住的钉子部位将矩形擦除一部分，如图 6-2-8 所示。

| 图 6-2-7 | 图 6-2-8 |

（9）按照这种方法，依次在其他各个关键帧的矩形中将应该遮挡住钉子的部位擦除，并在第 37 帧处插入空白关键帧，此时第 32 帧的效果及时间轴状态如图 6-2-9 所示。

（10）右键单击图层"遮罩"，在弹出的快捷菜单中选择"遮罩层"命令，使其对下面的钉子起遮罩作用，制作出"动画序列"元件从外部飞入并悬挂在钉子上的动画效果。

（11）按 Ctrl+F8 组合键创建新的影片剪辑元件"导航动画"，展开"高级"选项卡，单击"源文件"按钮，打开"查找 FLA 文件"对话框，选择 6.1 节或任务 1 中制作好的"摄影网站导航 .fla"文件，如图 6-2-10 所示。单击"打开"按钮后，在弹出的"选择元件"对话框中选择"导航动画"元件，如图 6-2-11 所示，单击"确定"按钮完成新元件的创建。

图 6-2-9

图 6-2-10

（12）新建图层，命名为"导航动画"，在第 32 帧处插入空白关键帧，从库中将"导航动画"元件拖入舞台，设置坐标位置为"X：275，Y：82"，使其与图层"动画序列"中的元件完全重合，如图 6-2-12 所示。

图 6-2-11

图 6-2-12

（13）在第 37 帧、第 55 帧和第 60 帧处分别插入关键帧，调整第 37 帧处元件的 Alpha 值为 0%，第 55 帧元件的横坐标位置为"X：100"，第 60 帧中元件的横坐标位置为"X：90"，在第 32 ～ 37 帧、第 37 ～ 55 帧、第 55 ～ 60 帧之间创建传统补间动画。

子任务 2 制作"关于我们"页面动画

（1）按 Ctrl+F8 组合键创建新的影片剪辑元件 about，执行"文件"→"导入"→"导入到库"命令，将素材文件"页面背景 .png"导入到库中，并将其拖入舞台，设置坐标位置为"X：0，Y：0"，如图 6-2-13 所示。

（2）执行"文件"→"导入"→"导入到库"命令，将"关于我们"素材文件夹中的所有图片导入到库中，并将 photo01.jpg 拖入舞台，设置坐标位置为"X：23，Y：25"，如图 6-2-14 所示。

（3）新建图层，使用文本工具输入如图 6-2-15 所示的文字，设置字体为"宋体"，字号为"16 点"，颜色为"黑色"，文字坐标位置为"X：86，Y：170"。

（4）继续输入如图 6-2-16 所示的文字，设置字体为"宋体"，字号为"12 点"，颜色为"黑色"，文字坐标位置为"X：86，Y：220"。

图 6-2-13　　　　　　　　　　　　　　　　图 6-2-14

图 6-2-15　　　　　　　　　　　　　　　　图 6-2-16

（5）新建图层，使用线条工具在水平方向绘制一条直线，并在"属性"面板上设置笔触颜色为"蓝灰色（#6A80A5）"，线条样式为"点状线"，线条宽度为 305，坐标位置为"X：38，Y：265"；然后在垂直方向也绘制一条同样的直线，高度为 173，坐标位置为"X：192，Y：275"，效果如图 6-2-17 所示。

（6）新建图层，使用文本工具分别输入文字"关于我们"和"新作欣赏"，设置字体为"宋体"，字号为"14 点"，颜色为"黑色"，文字坐标位置分别为"X：43，Y：283"和"X：212，Y：283"，效果如图 6-2-18 所示。

（7）新建图层，从库中将"边框 1"拖入舞台，设置其坐标位置为"X：36，Y：306"，然后在按住 Ctrl 键的同时将该边框水平向右拖动进行复制，放置在坐标为"X：207，Y：306"的位置，如图 6-2-19 所示。

（8）从库中将"边框 2"拖入舞台，设置其坐标位置为"X：206，Y：376"，然后在按住 Ctrl 键的同时将该边框水平向右拖动复制两次，分别放置在坐标为"X：253，Y：376"和"X：300，Y：376"的位置，如图 6-2-20 所示。

图 6-2-17

图 6-2-18

图 6-2-19

图 6-2-20

（9）新建图层，从库中将 photo02.jpg ～ photo09.jpg 拖入舞台，调整位置使其分别与白色边框居中对齐，效果如图 6-2-21 所示。

（10）新建图层，使用文本工具输入如图 6-2-22 所示的文字，设置字体为"宋体"，字号为"12 点"，颜色为"黑色"，文字坐标位置为"X：40，Y：374"。

图 6-2-21

图 6-2-22

（11）现在为图片添加动作代码，使鼠标经过该图片时，图片的亮度有所变化。首先选中图片 photo02.jpg，按 F8 键将其转换为影片剪辑元件 photo2，并在"属性"面板上设置其实例名称也为 photo2，然后依照这种方法依次将图片 photo03.jpg ～ photo09.jpg 也转换为影片剪辑元件 photo3 ～ photo9，并为其设置实例名称 photo3 ～ photo9。

（12）双击元件 photo2 进入其编辑窗口，分别在第 10 帧和第 20 帧处插入关键帧，并在第 1 ～ 10 帧之间和第 10 ～ 20 帧之间创建传统补间动画，接着选中第 10 帧，在"属性"面板的"色彩效果"选项中设置"样式"为"高级"，调整图片的红、绿、蓝偏移量都为40，以此增加图片的亮度。新建图层，分别在第 1 帧和第 10 帧处打开"动作"面板，并输入代码"stop();"。此时的效果及时间轴状态如图 6-2-23 所示。

图 6-2-23

（13）依照上面的制作方法，依次为元件 photo3 ～ photo9 制作亮度变化动画效果。接着返回到元件 about 编辑窗口，新建图层，打开"动作"面板，为元件 photo2 添加如下动作脚本：

```
photo2.addEventListener(MouseEvent.ROLL_OVER,liang2);      // 鼠标滑过，调用函数 liang2()
photo2.addEventListener(MouseEvent.ROLL_OUT,an2);          // 鼠标滑出，调用函数 an2()
function liang2(e:MouseEvent):void{
    photo2.gotoAndPlay(2);                    // 从元件 photo2 的第 2 帧开始播放，图片变亮
}
function an2(e:MouseEvent):void{
    photo2.gotoAndPlay(11);                   // 从元件 photo2 的第 11 帧开始播放，图片恢复原样
}
```

（14）为其他的几个元件也添加相应的动作脚本，具体代码如图 6-2-24 所示。

图 6-2-24

子任务 3　制作"视觉空间"页面动画

（1）按 Ctrl+F8 组合键创建新的影片剪辑元件 view，从库中将"页面背景 .png"拖入舞台，设置坐标位置为"X：0，Y：0"。然后执行"文件"→"导入"→"导入到库"命令，将素材文件夹"视觉空间"中的所有图片导入到库中，并将 photo10.jpg 拖入舞台，设置坐标位置为"X：23，Y：25"，如图 6-2-25 所示。

（2）新建图层，使用文本工具输入文字"视觉空间"，设置字体为"宋体"，字号为"16 点"，颜色为"黑色"，文字坐标位置为"X：86，Y：180"，如图 6-2-26 所示。

（3）继续使用文本工具输入如图 6-2-27 所示的文字，设置字体为"宋体"，字号为"12 点"，颜色为"黑色"，文字坐标位置为"X：86，Y：207"；然后使用线条工具在水平方向绘制一条直线，设置笔触颜色为"蓝灰色（#6A80A5）"，线条样式为"点状线"，线条宽度为305，坐标位置为"X：38，Y：265"。

图 6-2-25

图 6-2-26

（4）新建图层，使用文本工具输入文字"行摄天下"，设置字体为"宋体"，字号为"14 点"，颜色为"黑色"，文字坐标位置为"X：42，Y：280"，如图 6-2-28 所示。

图 6-2-27 图 6-2-28

（5）新建图层，从库中将"边框 3"拖入舞台，设置坐标位置为"X：36，Y：302"，然后在按住 Ctrl 键的同时拖动白色边框，将其复制 3 次，并调整位置，效果如图 6-2-29 所示。

（6）按住 Shift 键将 4 个边框同时选中，按 F8 键将其转换为影片剪辑元件 smallimage，并将其实例名称命名为 smallimage。然后双击该元件进入编辑窗口，在第 4 帧处按 F5 键插入普通帧。接着，新建图层，从库中将图片 photo11.png ～ photo14.png 依次拖入舞台，分别放置在 4 个白色边框上，调整位置使它们居中对齐，效果如图 6-2-30 所示。

（7）分别选中这 4 张图片，并按 F8 键将其转换为影片剪辑元件 photo11 ～ photo14，并在"属性"面板上设置其实例名称分别为 photo11 ～ photo14。然后双击元件 photo11 进入其编辑窗口，分别在第 10 帧和第 20 帧插入关键帧，并在第 1 ～ 10 帧之间和第 10 ～ 20 帧之间创建传统补间动画，接着选中第 10 帧，在"属性"面板的"色彩效果"选项中设置"样式"为"高级"，调整图片的红、绿、蓝偏移量都为 40，以此增加图片的亮度。新建图层，分别在第 1 帧和第 10 帧处打开"动作"面板，并输入代码"stop();"。此时的效果及时间轴状态如图 6-2-31 所示。

图 6-2-29 图 6-2-30

（8）返回到元件 smallimage 的编辑窗口，依照上面的制作方法，依次为其他的 3 个图片制作亮度变化动画效果。

（9）在元件 smallimage 的编辑窗口中，选中"图层 2"的第 2 帧，插入空白关键帧，从库中将图片 photo15.png ~ photo18.png 拖入舞台，同样放置在 4 个白色边框上，如图 6-2-32 所示。

图 6-2-31   图 6-2-32

（10）依照前面的制作方法，分别选中这 4 张图片，按 F8 键将其转换为影片剪辑元件 photo15 ~ photo18，并在"属性"面板上设置其实例名称分别为 photo15 ~ photo18。接着依次双击各元件进入编辑窗口，制作出图片亮度变化的动画效果。

（11）返回到元件 smallimage 的编辑窗口，选中"图层 2"的第 3 帧，插入空白关键帧，从库中将图片 photo19.png ~ photo22.png 拖入舞台，同样放置在 4 个白色边框上，如图 6-2-33 所示。

（12）依照前面的制作方法，分别选中这 4 张图片，并按 F8 键将其转换为影片剪辑元件 photo19 ~ photo22，在"属性"面板上设置其实例名称分别为 photo19 ~ photo22。接着依次双击元件进入编辑窗口，制作出图片亮度变化的动画效果。

（13）返回到元件 smallimage 的编辑窗口，选中图层 2 的第 4 帧，插入空白关键帧，从库中将图片 photo23.png ~ photo26.png 拖入舞台，同样放置在 4 个白色边框上，如图 6-2-34 所示。

（14）依照前面的制作方法，分别选中这 4 张图片，并按 F8 键将其转换为影片剪辑元件 photo23 ~ photo26，在"属性"面板上设置其实例名称分别为 photo23 ~ photo26。接着依次双击元件进入编辑窗口，制作出图片亮度变化的动画效果。

（15）新建图层，依次输入文字"Prev"、"1"、"2"、"3"、"4"和"Next"，并使用线条工具在每个字的下面绘制一条横线，调整位置后，逐一选中各文字及其下面的横线，将其转换为影片剪辑元件prev、1、2、3、4和next，然后在"属性"面板上将其属性名称分别命名为prev、b1、b2、b3、b4和next。此时的效果如图6-2-35所示。

图6-2-33　　　　　　　　　　图6-2-34　　　　　　　　　　图6-2-35

（16）为每个图片元件添加动作代码，当鼠标指针移动到图片上时，图片变亮；当鼠标指针移出图片时，图片恢复原样。还要为下面的prev等元件添加动作代码，使得当鼠标单击页面数字时可以跳转到相应的页面。

（17）首先新建图层，在第1帧按F9键打开动作面板，先为元件photo11输入如下代码。

```
photo11.addEventListener(MouseEvent.ROLL_OVER,liang1);
photo11.addEventListener(MouseEvent.ROLL_OUT,an1);
function liang1(e:MouseEvent):void{
    photo11.gotoAndPlay(2);
    }
function an1(e:MouseEvent):void{
    photo11.gotoAndPlay(11);
    }
```

接着依次为其他3个影片剪辑元件输入相应代码，为了防止自动播放影片剪辑，还要添加stop代码，此时该帧上的所有代码如图6-2-36所示。

（18）在第2帧处插入空白关键帧，然后在"动作"面板上为当前的4个图片元件添加如图6-2-37所示的动作脚本。

（19）分别在第3帧、第4帧处插入空白关键帧，并在"动作"面板上为当前的4个片元件添加如图6-2-38和图6-2-39所示的动作脚本。

（20）新建图层，选中第1帧，在"动作"面板上为元件prev等添加相应的动作脚本，具体代码及当前的时间轴状态如图6-2-40所示。

图 6-2-36

图 6-2-37

图 6-2-38

图 6-2-39

图 6-2-40

（21）返回到 view 的编辑窗口，在"图层 1"的第 2 帧按 F5 键插入普通帧，在"图层 2"的第 2 帧处插入空白关键帧，使用文本工具输入如图 6-2-41 所示的文字，字体设置及坐标位置与第 1 帧中的文字相同。

（22）在"图层 3"的第 2 帧处插入空白关键帧，从库中将"关闭 .png"拖入舞台，并等比缩放到原来的 20%，设置坐标位置为"X：330，Y：240"，按 F8 键将其转换为影片剪辑元件 close，将其实例名称命名为 close。然后在"图层 4"的第 2 帧处插入空白关键帧，从库中将"边框 4.png"拖入舞台，设置坐标位置为"X：37，Y：258"，如图 6-2-42 所示，将其转换为影片剪辑元件 bigimage，将其实例名称命名为 bigimage。

图 6-2-41

图 6-2-42

（23）双击元件 bigimage 进入编辑窗口，在第 16 帧处按 F5 键插入普通帧。接着新建图层，从库中将 photo11b.png 拖入舞台，调整位置使其与白色边框居中对齐，然后将其转换为影片剪辑元件 photo11b，并在"属性"面板上将其实例名称命名为 photo11b，接着双击该元件进入其编辑窗口，在第 15 帧处插入关键帧，在第 1～15 帧之间创建传统补间动画，调整第 1 帧中元件的亮度为 100%。为了防止元件的重复播放，新建图层，并在第 15 帧处插入空白关键帧，打开"动作"面板，输入代码"stop();"，如图 6-2-43 所示。

（24）返回元件 bigimage 编辑窗口，在"图层 2"的第 2 帧处插入空白关键帧，从库中将 photo12b.png 拖入舞台，调整位置后将其转换为影片剪辑元件 photo12b，并在"属性"面板上将其实例名称命名为 photo12b。双击该元件进入其编辑窗口后依照前面的制作方法制作出元件的亮度变化动画效果，如图 6-2-44 所示。

（25）按照此方法，在元件 bigimage 中"图层 2"的第 3～16 帧处依次插入空白关键帧，并从库中将 photo13b.png～photo26b.png 逐一拖入舞台，与白色边框居中对齐后转换为影片剪辑元件，并命名实例名称为 photo13b～photo26b，接着制作出各自的亮度变化动画效果。

图 6-2-43   图 6-2-44

（26）新建图层，从库中将元件 prev 和 next 拖入舞台，放在图片的下面，效果及当前的时间轴状态如图 6-2-45 所示。接着在"属性"面板上将这两个元件的实例名称分别命名为 prev2 和 next2。

（27）新建图层，在第 1 帧处打开动作面板为这两个元件添加动作脚本，具体代码及此时的时间轴状态如图 6-2-46 所示。

图 6-2-45   图 6-2-46

（28）返回到元件 view 的编辑窗口，新建图层，在第 1 帧处打开"动作"面板，输入如下代码。

```
stop();                              // 防止动画自动播放
function big1(){                     // 定义一个函数，用于实现显示大图片的效果
    gotoAndStop(2);                  // 跳转到第 2 帧，显示大图片
    bigimage.gotoAndStop(1);         // 显示第 1 张大图
}
```

接下来继续定义显示其他大图的函数。因为共有 16 张图片，所以需定义 16 个函数，具体代码如图 6-2-47 所示。

图 6-2-47

（29）双击元件 smallimage 进入其编辑窗口，打开"图层 4"中第 1 帧的"动作"面板，在已有代码的基础上添加如下代码。

```
photo11.addEventListener(MouseEvent.MOUSE_DOWN,big1);    // 当鼠标单击第 1 张图时，
                                                          调用 函数 big1()
function big1(e:MouseEvent):void{
    this.parent["big1"]();                     // 调用父级函数 big1()，实现显示大图片效果
}
```

继续为 photo12 等添加相应代码，如图 6-2-48 所示。接着在第 2 帧、第 3 帧和第 4 帧已有代码的基础上也添加相应的代码，如图 6-2-49 ～图 6-2-51 所示。

图 6-2-48   图 6-2-49

图 6-2-50	图 6-2-51

（30）在第 2 帧处插入空白关键帧，输入如下代码，实现单击 close 元件返回小图片窗口的动画效果。

```
import flash.events.MouseEvent;
stop();
close.addEventListener(MouseEvent.MOUSE_DOWN,small);
function small(e:MouseEvent):void{
    gotoAndStop(1);
}
```

子任务 4 制作"影像故事"页面动画

（1）按 Ctrl+F8 组合键创建新的影片剪辑元件 story，从库中将"页面背景 .png"拖入舞台，设置坐标位置为"X: 0，Y: 0"。然后执行"文件"→"导入"→"导入到库"命令，将素材文件夹"影像故事"中的所有图片导入到库中，并将 photo27.jpg 拖入舞台，设置坐标位置为"X: 23，Y: 25"，如图 6-2-52 所示。

（2）新建图层，使用文本工具输入文字"影像故事"，设置字体为"宋体"，字号为"16 点"，颜色为"黑色"，文字坐标位置为"X: 86，Y: 180"，如图 6-2-53 所示。

图 6-2-52	图 6-2-53

（3）继续使用文本工具输入如图 6-2-54 所示的文字，设置字体为"宋体"，字号为"12 点"，颜色为"黑色"，文字坐标位置为"X：86，Y：207"；然后使用线条工具在水平方向绘制一条直线，设置笔触颜色为"蓝灰色（#6A80A5）"，线条样式为"点状线"，线条宽度为 305，坐标位置为"X：38，Y：255"。

（4）新建图层，从库中将"边框 5.png"拖入舞台，设置坐标位置为"X：33，Y：260"。然后将 photo28.png 拖入舞台，调整位置与白色边框居中对齐，如图 6-2-55 所示。

图 6-2-54

图 6-2-55

（5）使用文本工具输入如图 6-2-56 所示的文字，设置字体为"宋体"，字号为"12 点"，颜色为"黑色"。

（6）新建图层，再次拖入"边框 5.png"，设置坐标位置为"X：277，Y：329"。然后将 photo29.png 拖入舞台，调整位置与白色边框居中对齐，如图 6-2-57 所示。最后，使用文本工具输入如图 6-2-58 所示的文字。

图 6-2-56

图 6-2-57

图 6-2-58

（7）新建图层，拖入"边框 6.png"，设置坐标位置为"X：30，Y：393"。然后将 photo30.png 拖入舞台，调整位置与白色边框居中对齐，如图 6-2-59 所示。接着将"小图标 .png"拖入舞台 3 次，调整位置后，使用文本工具在其右侧输入如图 6-2-60 所示的文字。

（8）依次选中图片 photo28.png、photo29.png、photo30.png，按 F8 键分别将其转换为影片剪辑元件 photo28、photo29、photo30，然后依次双击各元件进入其编辑窗口，依照前面的制作方法在第 1 帧和第 20 帧之间制作出图片亮度变化的动画效果。

（9）新建图层，打开"动作"面板，为这 3 个元件添加动作脚本，用于控制图片的亮度变化，具体代码如图 6-2-61 所示。

图 6-2-59

图 6-2-60

子任务 5 制作"会员服务"页面动画

（1）按 Ctrl+F8 组合键创建新的影片剪辑元件 service，从库中将"页面背景 .png"拖入舞台，设置坐标位置为"X：0，Y：0"。然后执行"文件"→"导入"→"导入到库"命令，将素材文件夹"会员服务"中的所有图片导入到库中，并将 photo31.jpg 拖入舞台，设置坐标位置为"X：23，Y：25"，如图 6-2-62 所示。

图 6-2-61

图 6-2-62

（2）新建图层，使用文本工具输入文字"会员服务"，设置字体为"宋体"，字号为"16 点"，颜色为"黑色"，文字坐标位置为"X：86，Y：180"。新建图层，从库中将"边框 6.png"拖入舞台，设置坐标位置为"X：75，Y：209"。接着将图片 photo32.png 拖入舞台，调整其位置与白色边框居中对齐，如图 6-2-63 所示。

（3）继续使用文本工具输入如图 6-2-64 所示的文字，设置字体为"宋体"，字号为"12 点"，颜色为"黑色"。然后使用线条工具在水平方向绘制一条直线，设置笔触颜色为"蓝灰色（#6A80A5）"，线条样式为"点状线"，线条宽度为 305，坐标位置为"X：38，Y：332"。

图 6-2-63　　　　　　　　　　图 6-2-64

（4）新建图层，使用文本工具输入文字"会员之家"，设置字体为"宋体"，字号为"14 点"，颜色为"黑色"，文字坐标位置为"X：40，Y：340"。新建图层，从库中将"边框 7.png"拖入舞台，设置坐标位置为"X：35，Y：360"。再将图片 photo33.png 拖入舞台，调整其位置与白色边框居中对齐，如图 6-2-65 所示。

（5）新建图层，将"小图标 .png"拖入舞台并多次复制，调整位置后，使用文本工具在其右侧输入如图 6-2-66 所示的文字。

图 6-2-65　　　　　　　　　　图 6-2-66

（6）依次选中 photo32.png 和 photo33.png，按 F8 键分别将其转换为影片剪辑元件 photo32 和 photo33，分别双击这两个元件，进入其编辑窗口，依照前面的制作方法在第 1 ~ 20 帧之间制作出图片亮度变化的动画效果。

（7）新建图层，打开"动作"面板，为这两个元件添加动作脚本，用于控制图片的亮度变化，具体代码如图 6-2-67 所示。

（8）至此，第 4 个页面也已制作完毕，下面要把这 4 个页面组合到一个影片剪辑中。按 Ctrl+F8 组合键新建影片剪辑 page，在第 1 帧拖入元件 about。在第 2 帧处插入空白关键帧，拖入元件 view。在第 3 帧处插入空白关键帧，拖入元件 story。在第 4 帧处插入空白关键帧，拖入元件 service。并将这 4 个元件的坐标位置都设置为"X：0，Y：0"。

（9）新建图层，将第 1 帧的帧标签命名为 p1。第 2 帧的帧标签命名为 p2，第 3 帧的帧标签命名为 p3，第 4 帧的帧标签命名为 p4。新建图层，分别在第 1 帧到第 4 帧上插入关键帧，输入代码"stop();"。此时的时间轴状态如图 6-2-68 所示。

图 6-2-67

图 6-2-68

（10）返回到"场景 1"编辑窗口，在图层"导航动画"的下面新建图层，命名为"导航页面"，在第 55 帧处插入空白关键帧，从库中将元件 page 拖入舞台，设置坐标位置为"X：300，Y：110"，并将元件的实例名称命名为 page，如图 6-2-69 所示。接着分别在第 85、90、95、115、116 和 145 帧处插入关键帧，调整第 55 帧中元件的横坐标位置为"X：800"，第 95 帧中元件的横坐标位置为"X：350"，第 115 帧中元件的横坐标位置为"X：-400"，第 116 帧中元件的横坐标位置为"X：1000"，第 145 帧中元件的横坐标位置为"X：300"，并在第 55 ~ 85 帧之间、第 90 ~ 95 帧之间、第 95 ~ 115 帧之间和第 116 ~ 145 帧之间创建传统补间动画。

（11）在图层"导航动画"的第 90、115、116 和 145 帧处插入关键帧，调整第 115 帧中元件的横坐标位置为"X：-600"，第 116 帧元件的横坐标位置为"X：800"，并在第 90 ~ 115 帧之间和第 116 ~ 145 帧之间创建传统补间动画。

（12）新建图层，命名为"标签"，在第 37 帧处插入空白关键帧，命名帧标签为 s1，在第 90 帧处插入空白关键帧，命名帧标签为 s2。新建图层，命名为 actions，分别在第 37、85 和 145 帧处插入关键帧，并输入代码"stop();"。

（13）在影片剪辑"导航动画"上双击进入编辑窗口，选中第 38 帧并展开"动作"面板，在已有代码的基础上添加如图 6-2-70 所示的代码，实现单击导航选项就跳转到相应页面的动画效果。

图 6-2-69   图 6-2-70

（14）返回"场景 1"，将素材文件 sound.mp3 导入到库中，然后新建图层，在第 31 帧处插入关键帧，在"属性"面板上展开"声音"选项卡，设置声音名称为 sound.mp3。至此，整个网站动画就制作完毕了。可以对动画进行测试，测试完毕后保存源文件。

6.2.4 知识点总结

本节实例制作的难点在于影片剪辑之间的相互访问，以及从影片剪辑内部访问主时间轴。在 Flash 文档中创建一个影片剪辑或者将一个影片剪辑放在其他影片剪辑中，这个影片剪辑便会成为该文档或其他影片剪辑的子级，而该文档或其他影片剪辑则成为父级。嵌套影片剪辑之间的关系是层次结构关系，即对父级所做的更改会影响到子级。每层的根时间轴是该层上所有影片剪辑的父级，并且因为根时间轴是最顶层的时间轴，所以它没有父级。在"影片浏览器"面板中，可以选择"显示元件定义"命令查看文档中嵌套影片剪辑的层次结构。

如果要在父级影片剪辑（如实例 pic1）的时间轴上添加代码，使子级影片剪辑（如实例 pic2）跳转到第 2 帧开始播放，需要使用点语法实现，即 pic1.pic2.gotoAndPlay(2)。

如果要在子级影片剪辑的时间轴上添加代码，使父级影片剪辑的时间轴跳转到第 2 帧开始播放，则需要使用 this.parent 进行访问，即 this.parent.gotoAndPlay(2)。如果要使父级影片剪辑内嵌套的另一个影片剪辑（如实例 pic3）的时间轴跳转到第 2 帧开始播放，则需要使用 "this.parent.[" 实例名称 "]" 进行访问，即 this.parent.["pic3"].gotoAndPlay(2)。

与此类似，如果要从子级影片剪辑调用父级影片剪辑时间轴上定义的函数（如函数 count()），同样要使用 "this.parent.[" 函数名 "]" 进行访问，即 this.parent. ["count"] ()。

如果要从影片剪辑内部访问主时间轴，则要使用 MovieClip(root) 进行访问，例如要在影片剪辑（如实例 pic1）的时间轴上添加代码，使主时间轴跳转到第 2 帧进行播放，所用代码应为 MovieClip(root).gotoAndPlay(2)。

6.3　任务 3——制作汽车网站导航

本任务中，汽车网站导航是整个网站架构、内容的集中表现，因此导航的主体信息结构及布局应该依照汽车产品的特性展开，所有的内容都以此为依据，用清晰、明了的布局引导浏览者方便、快捷地取得所需信息。

6.3.1　实例效果预览

本节实例效果如图 6-3-1 所示。

图 6-3-1

6.3.2　技能应用分析

1．应用逐帧动画和传统补间动画制作出导航元件。

2．对于有相同元素的多个元件，可以将元件直接复制并进行修改，以提高制作效率。

3．添加动作脚本，并使用 Timer 类实现每间隔 1 秒在舞台上添加一个导航的动画效果。

4．为导航添加事件侦听器，控制鼠标事件对导航元件的动画效果。

6.3.3　制作步骤解析

（1）新建一个 Flash 文件，在"属性"面板上设置动画帧频为"FPS：30"，舞台尺寸为"766×650 像素"，舞台颜色为"灰青色（#CADCDF）"。

（2）按 Ctrl+F8 组合键，在打开的"创建新元件"对话框中新建影片剪辑元件 menu1。将"图层 1"重命名为"背景"，执行"文件"→"导入"→"导入到库"命令，将素材文件夹中的所有素材图片（包括红色波形图等 4 个文件夹中的图片）导入到库中。然后在"库"面板中，同时选择 r1 ～ r30 之间的图片，单击鼠标右键，在弹出的快捷菜单中选择"移至 .."命令，在弹出的如图 6-3-2 所示的"移至文件夹"对话框中选中"新建文件夹"单选按钮，并在其后输入文件夹名称"红色波形图"。接着依次选择 g1 ～ g30 之间的图片，单击鼠标右键，在弹出的快捷菜单中选择"移至 .."命令，输入文件夹名称"绿色波形图"。选择 b1 ～ b30 之间的图片，单击鼠标右键，在弹出的快捷菜单中选择"移至 .."命令，输入文件夹名称"蓝色波形图"。选择 y1 ～ y30 之间的图片，单击鼠标右键，在弹出的快捷菜单中选择"移至 .."命令，输入文件夹名称"黄色波形图"。

图 6-3-2

（3）将素材图片 image1.jpg 拖入舞台，并设置坐标位置为"X：0，Y：0"，如图 6-3-3 所示。接着在图层的第 20 帧处按 F5 键延长帧。

（4）新建图层，命名为"边框"，从库中将图片"边框 .png"拖入舞台，设置坐标位置为"X：-8，Y：-5"，如图 6-3-4 所示。

图 6-3-3　　　　　　　　　　　图 6-3-4

（5）新建图层，命名为"图标"，从库中将图片"图标 1.png"拖入舞台，设置坐标位置为"X：14，Y：205"，如图 6-3-5 所示。

（6）新建图层，命名为"标题"，使用文本工具输入文字"关于帝豪"，设置字体为"黑体"，大小为"25 点"，颜色为"白色"，坐标位置为"X：12，Y：36"，如图 6-3-6 所示。

图 6-3-5　　　　　　　　　　　图 6-3-6

（7）新建图层，命名为"小标题"，从库中将图片"图标 .png"拖入舞台，设置坐标位置为"X：12，Y：83"；然后使用文本工具输入文字"品牌故事"，设置字体为"黑体"，大小为"12 点"，颜色为"白色"，坐标位置为"X：30，Y：85"，如图 6-3-7 所示。

（8）按住 Shift 键将小图标和文字"品牌故事"全部选中，然后按住 Ctrl 键向下移动复制两次，并使用文本工具将文字更改为"标志释义"和"荣誉殿堂"，适当调整位置后效果如图 6-3-8 所示。

图 6-3-7　　　　　　　　　　　图 6-3-8

（9）按 Ctrl+F8 组合键，在打开的"创建新元件"对话框中新建影片剪辑元件 rwater。从"库"面板的"红色波形图"文件夹中将图片 r1.png 拖入舞台，设置坐标位置为"X：0，Y：0"；接着在第 2 帧处插入空白关键帧，将图片 r2.png 拖入舞台，设置坐标位置为"X：0，Y：0"；依照此方法，依次在第 3 ～ 30 帧之间插入空白关键帧，并将图片 r3.png ～ r30.png 拖入舞台，同样设置坐标位置为"X：0，Y：0"。此时的效果及时间轴状态如图 6-3-9 所示。

（10）在"库"面板中双击影片剪辑元件 menu1，进入其编辑窗口。选择"背景"图层，然后单击"新建图层"按钮，在"背景"图层和"边框"图层之间新建一个图层，命名为"水波动画"。接着在第 2 帧处按 F7 键插入空白关键帧，从库中将元件 rwater 拖入舞台，设置坐标位置为"X：23，Y：23"；并在第 10 帧和第 20 帧分别插入关键帧，调整第 2 帧和第 20 帧中元件的 Alpha 值为 0%，在第 2 ～ 10 帧之间、第 10 ～ 20 帧之间创建传统补间动画，此时的效果及时间轴状态如图 6-3-10 所示。

图 6-3-9

图 6-3-10

（11）按 Ctrl+F8 组合键，在打开的"创建新元件"对话框中新建影片剪辑元件"光线动画"，在工具箱中选择矩形工具，设置笔触颜色为"无填充"，填充颜色为"白色"，然后在舞台上绘制一个白色矩形，设置其宽度为 127，高度为 70，坐标位置为"X：0，Y：0"，如图 6-3-11 所示。

（12）打开"颜色"面板，设置填充颜色为"线性渐变"，在渐变编辑条上添加一个色标，并将前后两个色标的 Alpha 值调整为 0%，将中间色标的 Alpha 值调整为 30%，如图 6-3-12 所示。

图 6-3-11　　　　　　　　　　　　　　　图 6-3-12

（13）此时的光线效果如图 6-3-13 所示。在工具箱中选择渐变变形工具，然后在白色光线上单击，将鼠标放在渐变方向调整点上拖动，使光线的渐变方向为垂直方向，如图 6-3-14 所示。

图 6-3-13　　　　　　　　　　　　　　　图 6-3-14

（14）选中光线图形，按 F8 键将其转换为图形元件 light，接着在第 10 帧和第 16 帧处分别插入关键帧，调整第 10 帧中元件的纵坐标位置为"Y：160"，并在第 1 ～ 10 帧和第 10 ～ 16 帧之间创建传统补间动画，形成光线纵向移动的动画效果。然后新建图层，在第 16 帧插入空白关键帧，打开"动作"面板，输入代码"stop();"，此时的效果及时间轴状态如图 6-3-15 所示。

（15）在"库"面板中双击影片剪辑元件 menu1，进入其编辑窗口。在所有图层的最上面新建图层，命名为"光线"，在第 2 帧处插入空白关键帧，从库中将元件"光线动画"拖入舞台，设置坐标位置为"X：-2，Y：160"，如图 6-3-16 所示。

（16）新建图层，命名为"遮罩"，在第 2 帧处插入空白关键帧，然后右键单击图层"图标"的第 1 帧，在弹出的快捷菜单中选择"复制帧"命令，并在"遮罩"层的第 2 帧处单击鼠标右键，在弹出的快捷菜单中选择"粘贴帧"命令；接着右键单击图层"遮罩"，在弹出的快捷菜单中选择"遮罩层"命令，使光线范围仅限于图标内部。新建图层，命名为 actions，在第 1 帧打开"动作"面板，输入代码"stop();"。在第 10 帧处插入空白关键

帧，同样添加代码 "stop();"。至此，第一个导航元件制作完毕。此时的效果及时间轴状态
如图 6-3-17 所示。

图 6-3-15　　　　　　　　　　　　　　　图 6-3-16

（17）制作第二个导航元件。因为其效果与第一个基本类似，只有背景、图标和文字
不同，因此可以通过将第一个导航进行复制并修改，快速制作出第二个导航。

（18）在"库"面板上选择元件 menu1，单击鼠标右键，在弹出的快捷菜单中选择
"直接复制"命令，打开"直接复制元件"对话框，修改元件的名称为 menu2，如图 6-3-18
所示。单击"确定"按钮，得到元件 menu2。

图 6-3-17　　　　　　　　　　　　　　　图 6-3-18

（19）在"库"面板上双击元件 menu2，进入其编辑窗口。选中"背景"图层中的图
形，按 Delete 键将其删除，然后从库中将图片 image2.jpg 拖入舞台，设置坐标位置为 "X：
0，Y：0"，如图 6-3-19 所示。

（20）选中"图标"图层中的图形，将其删除，从库中将图片"图标 2.png"拖入舞
台，设置坐标位置为 "X：14，Y：205"，如图 6-3-20 所示。

图 6-3-19　　　　　　　　　　　　　　　图 6-3-20

（21）选中"标题"图层，使用文本工具将标题文字修改为"帝豪车型"；接着选中"小标题"图层，使用文本工具将小标题文字修改为"EC7 高性能轿车"、"EC7-RV 生活车"和"EC8 豪华轿车"，效果如图 6-3-21 所示。

（22）按 Ctrl+F8 组合键，在打开的"创建新元件"对话框中新建影片剪辑元件 gwater，从库面板的"绿色波形图"文件夹中将图片 g1.png 拖入舞台，设置坐标位置为"X：0，Y：0"；接着依次在第 2 ~ 30 帧之间插入空白关键帧，并将图片 g2.png ~ g30.png 拖入舞台，分别设置其坐标位置为"X：0，Y：0"。此时的效果及时间轴状态如图 6-3-22 所示。

图 6-3-21　　　　　　　　　　　　　　　图 6-3-22

（23）在"库"面板中双击影片剪辑 menu2，进入其编辑窗口。选择"水波动画"图层的第 2 帧，将对应的影片剪辑元件 rwater 选中，然后在"属性"面板中单击"交换 .."按钮，打开"交换元件"对话框，如图 6-3-23 所示，选择元件 gwater。

（24）按照同样的方法，将"水波动画"图层第 10 帧、第 20 帧中的元件 rwater 也交换为元件 gwater。至此，第 2 个导航元件也制作好了。

（25）制作第 3 个导航元件。复制元件 menu1 并修改名称，得到元件 menu2。

图 6-3-23

（26）双击元件 menu3 进入其编辑窗口，将图层"背景"中的图片删除，并从库中将 image3.jpg 拖入舞台，设置坐标位置为"X：0，Y：0"，如图 6-3-24 所示。将图层"图标"中的图片删除，并从库中将"图标 3.png"拖入舞台，设置坐标位置为"X：14，Y：205"，如图 6-3-25 所示。修改图层"标题"中的文字为"市场活动"，修改图层"小标题"中的文字为"帝豪动态"、"创意大赛"和"晒出你的心愿"，如图 6-3-26 所示。

（27）按 Ctrl+F8 组合键，在打开的"创建新元件"对话框中新建影片剪辑元件 bwater。从库面板的"蓝色波形图"文件夹中将图片 b1.png 拖入舞台，设置坐标位置为"X：0，Y：0"。然后依次在第 2 ～ 30 帧之间插入空白关键帧，并将图片 b2.png ～ b30.png 拖入舞台，分别设置其坐标位置为"X：0，Y：0"。此时的效果及时间轴状态如图 6-3-27 所示。

图 6-3-24　　　　　图 6-3-25　　　　　图 6-3-26　　　　　　　图 6-3-27

（28）双击影片剪辑 menu3，进入其编辑窗口，将"水波动画"图层的第 2、10、20 帧中的元件 rwater 交换为元件 bwater。至此，第 3 个导航元件制作完毕。

（29）制作第 4 个导航元件。复制元件 menu1 并修改名称，得到元件 menu4。

（30）双击元件 menu4 进入其编辑窗口，将图层"背景"中的图片删除，并从库中将 image4.jpg 拖入舞台，设置坐标位置为"X：0，Y：0"，如图 6-3-28 所示。将图层"图标"中的图片删除，并从库中将"图标 4.png"拖入舞台，设置坐标位置为"X：14，Y：205"，如图 6-3-29 所示。修改图层"标题"中的文字为"科技中心"，修改图层"小标题"中的文字为"领先技术"、"卓越安全"和"节能环保"，如图 6-3-30 所示。

（31）按 Ctrl+F8 组合键，在打开的"创建新元件"对话框中新建影片剪辑元件 ywater，从"库"面板的"黄色波形图"文件夹中将图片 y1.png 拖入舞台，设置坐标位置为"X：0，Y：0"；接着依次在第 2 ～ 30 帧之间插入空白关键帧，并将图片"2.png ～ y30.png 拖入舞台，分别设置其坐标位置为"X：0，Y：0"。此时的效果及时间轴状态如图 6-3-31 所示。

图 6-3-28   图 6-3-29   图 6-3-30   图 6-3-31

（32）在"库"面板中双击影片剪辑 menu4，进入编辑窗口，将图层"水波动画"第 2 帧、第 10 帧和第 20 帧中的元件 rwater 也交换为元件 ywater。

（33）至此，4 个导航元件全部制作完毕，下面要将其添加到主场景中。为了更好地学习 ActionScript 3.0 编程，本任务主场景动画的制作全部使用代码进行控制。首先在"库"面板中右键单击元件 menu1，在弹出的快捷菜单中选择"属性"命令，在打开的"元件属性"对话框中展开"高级"选项，然后选中"为 ActionScript 导出"复选框，此时下面的"在第 1 帧导出"也会被自动选中，保持"类"和其他设置不变，单击"确定"按钮。这时可能会出现一个对话框，单击"确定"按钮，使 Flash 为 MovieClip 新建一个 menu1 类，如图 6-3-32 所示。

图 6-3-32

（34）依照同样的方法，依次在"库"面板上右键单击元件 menu2、menu3、menu4，在弹出的快捷菜单中选择"属性"命令，并展开高级选项，选中"为 ActionScript 导出"复选框，新建 menu2 类、menu3 类、menu4 类。

（35）返回"场景1"编辑窗口，将"图层1"命名为 action，在第1帧处打开"动作"面板，首先导入要使用的事件和类，代码如下。

```
import flash.events.Event;
import fl.transitions.Tween;
import fl.transitions.easing.*;
```

（36）通过代码将元件 menu1 添加到舞台上，因为库中的 menu1 元件代表了 menu1 类，因此这里可以用代码创建它的实例并进行控制。在原有代码的基础上输入如下代码。

```
var m1=new menu1();
addChild(m1);
```

创建了一个名为 m1 的变量，它会保存 menu1 类的一个新实例，并且把它添加到场景中。

（37）测试影片，这时场景左上角会出现 menu1 类的一个实例，如图 6-3-33 所示。然而这个实例的位置不符合要求，因此需要继续在原有代码的基础上添加如下代码，以控制实例的纵坐标位置。

```
m1.y=150;
```

此时再测试影片，menu1 类的实例会出现在如图 6-3-34 所示的位置。

图 6-3-33

图 6-3-34

（38）现在只是更改了实例的纵坐标位置，对于实例的横坐标要使用到缓动类，目的是让实例出现时有更好的动感。在原有代码的基础上添加如下代码。

```
new Tween(m1, " x ",Back.easeOut,0,60,1,true);
```

（39）为了让实例出现时的动画效果更加有动感，继续添加如下代码。

```
new Tween(m1, " alpha ",Strong.easeIn,0.5,1,1,true);
```

```
new Tween(m1,"scaleX",Back.easeOut,1.5,1,1,true);
new Tween(m1,"scaleY",Back.easeOut,1.5,1,1,true);
```

上述代码对实例 m1 的透明度和缩放属性设置缓动补间，实例将在 1 秒内完成一个弹性缩放效果。

（40）其他的 3 个导航也可以按照此方法添加到场景中，但相同的代码要反复输入 4 次，不但冗长，而且 4 个导航会同时出现在场景中。这里可以换一种思路：设置一个计时器，每隔 1 秒向场景中添加一个导航。首先，需要引入制作计时器的类 Timer 及相应的事件。在原有的引入类代码之下添加如下代码。

```
import flash.events.TimerEvent;
import flash.utils.Timer;
```

（41）将原来的代码修改如下。

```
var m1=new menu1();                    // 新建 menu1 类的实例 m1
var m2=new menu2();                    // 新建 menu2 类的实例 m2
var m3=new menu3();                    // 新建 menu3 类的实例 m3
var m4=new menu4();                    // 新建 menu4 类的实例 m4
var i:uint=1;                          // 定义变量 i
var timer:Timer = new Timer(1000,4);   // 新建计时实例 timer，计时间隔为 1 秒，计时 4 次
timer.addEventListener(TimerEvent.TIMER, onTick); // 开始计时就调用函数 onTick()
timer.start();                         // 开始计时
function onTick(event:TimerEvent):void {          // 定义 onTick() 函数
    addChild(this["m" +i]);            // 依据变量 i 的值在场景中添加相应的实例
    this["m" +i].visible=true;         // 使实例可见
    this["m" +i].y=150;                // 更改实例纵坐标值
    new Tween(this["m" +i],"x",Back.easeOut,100*i,50+170*(i-1),1,true); // 对 x 属性设置缓动
    new Tween(this["m" +i],"alpha",Strong.easeIn,0.5,1,1,true);     // 对 alpha 属性设置缓动
    new Tween(this["m" +i],"scaleX",Back.easeOut,1.5,1,1,true);     // 对 scaleX 属性设置缓动
    new Tween(this["m" +i],"scaleY",Back.easeOut,1.5,1,1,true);     // 对 scaleY 属性设置缓动
    i++;                               // 变量 i 的值增加 1
}
```

上面这段代码中，首先新建了 4 个实例，分别是 m1、m2、m3 和 m4，然后定义了一个变量 i，用其控制在场景中添加第几个实例；接着定义了一个计时器实例 timer，设置计时间隔为 1 秒钟，共计时 4 次，一旦 TimerEvent 事件被触发，就调用相应的函数 onTick()，开始计时，并在场景上添加变量 i 对应的实例；最后通过对实例的坐标位置和 alpha、scaleX、scaleY 等属性设置缓动类，达到实例动态显示的动画效果；前一个实例显示后，变量 i 会增加 1，继续添加下一个实例。

（42）测试影片，可以看到 4 个实例相继添加到场景中。

（43）对导航进行控制，当鼠标移入和移出时，触发相应的事件，以此增加导航的美观性。在代码 i++ 之前添加如下代码。

```
this[ "m" +i].addEventListener(MouseEvent.ROLL_OVER,goin);
this[ "m" +i].addEventListener(MouseEvent.ROLL_OUT,goout);
```

（44）定义相应的函数，当鼠标事件 ROLL_OVER 被触发时，调用函数 goin()；当鼠标事件 ROLL_OUT 被触发时，调用函数 goout()。因此，在所有代码的下面继续添加如下代码。

```
function goin(e:MouseEvent):void {
    e.currentTarget.gotoAndPlay(2);
}
function goout(e:MouseEvent):void {
    e.currentTarget.gotoAndPlay(11);
}
```

这样，当鼠标移入导航，鼠标事件的当前对象将从第 2 帧开始播放动画；当鼠标移出导航，鼠标事件的当前对象将从第 11 帧开始播放动画。

（45）至此，汽车网站的导航效果就制作完毕了。按 Ctrl+Enter 组合键预览动画效果，修改完毕后执行"文件"→"保存"命令将制作好的源文件进行保存。在任务 4 的整站动画中还要用到该导航效果。

6.3.4　知识点总结

在本节实例中，每隔 1 秒钟就向场景中添加一个导航实例，其中用到了 addChild() 方法和 Timer 类，下面分别进行介绍。

（1）如果要利用 ActionScript 把 MovieClip 实例从库放置到场景里，首先要在库里设置剪辑的链接属性。本实例的步骤（33）就通过选中"为 ActionScript 导出"复选框创建了 menu1 类，其中，"类"字段的名称被自动设置为元件的名称。当然，也可以修改这个名称，但本例中使用默认名称就可以了。

在"元件属性"对话框中，新的 menu1 类的基类是 flash.display.MovieClip，即 menu1 类扩展了 MovieClip 类，这表示 menul 除了具有自己的特性之外，还能够完成 MovieClip 类的全部功能。

新建 menu1 类之后，库中的 menu1 元件就代表了 menu1 类，可以很方便地通过 ActionScript 创建其实例并进行控制。此时，就需要使用到 addChild 命令，语法格式为：

```
var 实例名 : 类名 =new 类名 ( );
addChild( 实例名 );
```

即首先定义一个变量，用来保存类的一个新实例，然后通过 addChild 命令将其添加到场景中。

（2）Time 类是 Flash ActionScript 3.0 中的计时器类，Timer 的构造函数为 Timer(delay:Number, repeatCount:int=0)，其中，参数 delay 是计数的时长，单位为微秒；参

数 repeatCount 为计数次数，默认值为 0（如果不传第二个参数，默认传入的值为 0），0 表示一直计数。例如，创建一个间隔为 1 秒，计数 5 次的计数器的代码如下。

```
var timer：Timer = new Timer(1000, 5);
```

Timer 类有 3 个重要方法，即 start()、stop() 和 reset()。

- start() 方法用于开始计数。如果要使计数器起作用，必须先调用该方法。
- stop() 方法用于停止计数。对于上面的代码来说，不一定非要等到计数 5 次结束，可以在第 3 次计数的时候就让 Timer 对象停止。
- reset() 方法用于重置计数。

通过 start() 和 stop() 两个方法可以让 Timer 计数器开始或者停止，要使计数器起作用，就必须为其添加侦听器。Timer 对象有如下两个重要的事件。

- TimerEvent.TIMER：计数器每计数一次发生的事件。
- TimerEvent.TIMER_COMPLETE：计数器计数完成发生的事件。

6.4　任务 4——制作汽车网站

在制作汽车网站动画时，要结合企业文化特色和汽车产品特色，树立汽车品牌形象；并整合企业的产品、服务，尽可能地展示汽车的优越性；在页面设计方面，需要符合汽车产品的定位，如商务车可以使用比较偏商务风格的设计手法。网站的整体风格不仅要符合汽车的产品定位，还需要有良好的创意，才能吸引浏览者。

6.4.1　实例效果预览

本节实例效果如图 6-4-1 所示。

图 6-4-1

6.4.2　技能应用分析

1．通过控制元件的可视性，制作第一个导航页面。

2．使用 UILoader 组件实现外部调用图片效果，制作第二个导航页面。

3．结合 UILoader 组件和 ComboBox 组件实现列表显示效果，制作第三个导航页面。

4．综合运用 ActionScript 3.0 脚本语言通过加载外部 SWF 文件实现网站的制作。

6.4.3　制作步骤解析

子任务 1 制作"关于帝豪"页面动画

（1）新建 Flash 文件，在"属性"面板中设置动画帧频为"FPS：30"，舞台尺寸为"550×340 像素"，舞台颜色为"灰青色（#CADCDF）"。

（2）将"图层 1"命名为"背景"，执行"文件"→"导入"→"导入到库"命令，将素材文件"页面背景 .png"以及"关于帝豪"文件夹中的所有图片导入，然后从库中将图片"页面背景 .png"拖入舞台，设置坐标位置为"X：0，Y：0"，如图 6-4-2 所示。

图 6-4-2

（3）新建图层，命名为"汽车"，从库中将图片 car.png 拖入舞台，设置坐标位置为"X：15.5，Y：7.5"，如图 6-4-3 所示。

图 6-4-3

（4）新建图层，命名为"品牌故事"，使用文本工具输入文字"品牌口号：开创新格局"，设置字体为"黑体"，字体大小为"14 点"，字体颜色为"黑色"，坐标位置为"X：49，Y：95"；然后选中文字"开创新格局"，设置其颜色为"红色（# FF4B21）"，效果如图 6-4-4 所示。

图 6-4-4

（5）继续使用文本工具输入有关品牌故事的文字内容，具体文字可参考素材文件"汽车网站文本 .txt"，设置字体为"黑体"，字体大小为"12 点"，字体颜色为"黑色"，宽度为 348，坐标位置为"X：49，Y：120"，效果如图 6-4-5 所示。

图 6-4-5

（6）新建图层，命名为 more1，使用文本工具输入文字"read more…"，设置字体为 Arail，字体大小为"12 点"，字体颜色为"红色（# FF4B21）"，坐标位置为"X：300，Y：160"。然后，按 F8 键将文字转换为影片剪辑元件 more，接着双击该元件进入编辑窗口。新建"图层 2"，使用矩形工具绘制一个宽度为 96、高度为 24 的白色矩形，并将"图层 2"移到 more1 图层的下面作为文字的背景，效果如图 6-4-6 所示。

（7）返回到"场景 1"编辑窗口，在舞台上选中元件 more，并将其实例名称命名为 more1。

（8）新建图层，命名为"标志释义"。使用文本工具输入文字"标志释义："，设置字体为"黑体"，字体大小为"14 点"，字体颜色为"黑色"，坐标位置为"X：49，Y：180"。继续输入有关标志释义的文字内容（参考素材文件"汽车网站文本 .txt"），设置字体为"黑体"，字体大小为"12 点"，字体颜色为"黑色"，坐标位置为"X：49，Y：

205"。从库中将素材图片 logo.jpg 拖入舞台，设置坐标位置为"X：160，Y：190"，效果如图 6-4-7 所示。

图 6-4-6

图 6-4-7

（9）新建图层，命名为"分割线"，使用线条工具沿垂直方向绘制一条直线，并在"属性"面板上设置笔触颜色为"灰青色（#CADADF）"，笔触高度为3，"样式"为"点状线"，坐标位置为"X：395，Y：106"，效果如图 6-4-8 所示。

图 6-4-8

（10）新建图层，命名为"荣誉殿堂"。使用文本工具输入文字"荣誉殿堂："，设置字体为"黑体"，字体大小为"14 点"，字体颜色为"黑色"，坐标位置为"X：403，Y：95"。继续输入有关荣誉殿堂的文字内容（参考素材文件"汽车网站文本 .txt"），设置字体为"黑体"，字体大小为"12 点"，字体颜色为"黑色"，坐标位置为"X：403，Y：119"。从库中将影片剪辑元件 more 拖入舞台，设置坐标位置为"X：430，Y：265"，并在"属性"面板上将该元件的实例名称命名为 more2，效果如图 6-4-9 所示。

（11）按 Ctrl+F8 组合键，打开"创建新元件"对话框，新建一个影片剪辑元件 story，使用矩形工具在舞台上绘制一个矩形，设置矩形宽度为 155，高度为 215，笔触颜色为"无"，填充颜色为"浅蓝色（#66CCFF）"，坐标位置为"X：0，Y：0"，如图 6-4-10 所示。

图 6-4-9

（12）选中矩形，按 F8 键将其转换为影片剪辑元件"蓝色矩形"，接着在"属性"面板上展开"滤镜"选项，为其添加投影滤镜，设置模糊角度为 200°，"距离"为"1 像素"，颜色为"灰色（#999999）"，如图 6-4-11 所示。

图 6-4-10

图 6-4-11

（13）新建图层，使用矩形工具再次绘制一个矩形，设置矩形宽度为 155，高度为 200，笔触颜色为"无"，填充颜色为"白色"，坐标位置为"X：0，Y：15"，如图 6-4-12 所示。

（14）新建图层，使用文本工具输入与更多品牌故事相关的文字内容（参考素材文件），设置字体为"黑体"，字体大小为"12 点"，字体颜色为"黑色"，文本框宽度为 140，高度为 200，坐标位置为"X：0，Y：15"。并在"属性"面板上将文本类型设置为"动态文本"，实例名称命名为 storytxt，如图 6-4-13 所示。

（15）打开"组件"面板，选中 User Interface 目录下的 UIScrollBar 组件并将其拖动到文本框的右侧，使其吸附到文本框上，然后在"属性"面板的"组件参数"选项组中设置 scrollTargetName 为 storytxt，如图 6-4-14 所示。

（16）新建图层，使用文本工具输入文字"品牌故事"，设置字体为"黑体"，字体大小为"12 点"，字体颜色为"黑色"，坐标位置为"X：0，Y：0"，如图 6-4-15 所示。

图 6-4-12

图 6-4-13

图 6-4-14

图 6-4-15

（17）新建图层，从库中将素材图片"关闭按钮 .png"拖入舞台，设置坐标位置为"X：138，Y：0"，并按 F8 键将其转换为影片剪辑元件 close，将其实例命名为 closebtn，如图 6-4-16 所示。

（18）在"库"面板上右键单击元件 story，在弹出的快捷菜单中选择"直接复制"命令，打开"直接复制元件"对话框，设置"名称"为 honor，如图 6-4-17 所示。

图 6-4-16

图 6-4-17

（19）在"库"面板上双击元件 honor 进入其编辑窗口，然后将原有的文字替换为与更多荣誉相关的内容，并将标题处的文字"品牌故事"替换为"荣誉殿堂"，如图 6-4-18 所示。

图 6-4-18

（20）返回"场景 1"编辑窗口，新建图层，命名为"更多故事"，从库中将元件 story 拖入舞台，设置坐标位置为"X：377，Y：95"，将其实例名称命名为 story，如图 6-4-19 所示。

（21）新建图层，命名为"更多荣誉"，从库中将元件 honor 拖入舞台，设置坐标位置为"X：377，Y：95"，将其实例名称命名为 honor，如图 6-4-20 所示。

图 6-4-19

图 6-4-20

（22）新建图层，命名为 actions，打开"动作"面板，为元件 more1、more2 添加事件侦听器，当单击该元件时，就在舞台上显示元件 story 或 honor；并为元件 story 和 honor

内部的元件 closebtn 添加事件侦听器，当鼠标单击事件被触发时，就将元件 story 或 honor 隐藏。相应的代码如下所示。

```
import flash.events.MouseEvent;
story.visible=false;
honor.visible=false;
more1.addEventListener(MouseEvent.CLICK,readm1);
more2.addEventListener(MouseEvent.CLICK,readm2);
story.closebtn.addEventListener(MouseEvent.CLICK,closewin);
honor.closebtn.addEventListener(MouseEvent.CLICK,closewin);
function readm1(e:MouseEvent):void{
        story.visible=true;
    }
function readm2(e:MouseEvent):void{
        honor.visible=true;
    }
function closewin(e:MouseEvent):void{
        story.visible=false;
        honor.visible=false;
    }
```

（23）至此，汽车网站的第一个导航页面制作完毕。执行"文件"→"保存"命令将其存储为 about.fla，并执行"文件"→"导出"→"导出影片"命令将其输出为 about.swf 文件。

子任务 2　制作"帝豪车型"页面动画

（1）制作第二个导航页面。新建 Flash 文件，在"属性"面板中设置动画帧频为"FPS：30"，舞台尺寸为"550×340 像素"，舞台颜色为"灰青色（#CADCDF）"。

（2）将"图层 1"命名为"背景"，执行"文件"→"导入"→"导入到库"命令，将素材文件"页面背景 .png"、"关闭按钮 .png"以及"帝豪车型"文件夹中的图片及各车型子文件夹 small 中的图片全部导入，然后从库中将图片"页面背景 .png"拖入舞台，设置坐标位置为"X：0，Y：0"。

（3）新建图层，命名为"车型"，然后从库中将素材图片 ec8.png、ec7.png 和 ec7-rv.png 拖入舞台，设置 ec8.png 的坐标位置为"X：46，Y：17"，ec7.png 的坐标位置为"X：208，Y：17"，ec7-rv.png 的坐标位置为"X：370，Y：17"，如图 6-4-21 所示。

（4）新建图层，命名为"参数配置"，使用文本工具在舞台上输入文字"查看车型详情"，设置字体为"黑体"，字体大小为"12 点"，字体颜色为"黑色"，坐标位置为"X：72，Y：210"，如图 6-4-22 所示。

图 6-4-21　　　　　　　　　图 6-4-22

（5）选中文字"查看车型详情"，按 F8 键将其转换为按钮元件"参数配置"，然后双击该元件进入编辑窗口。在"指针经过"帧上按 F6 键插入关键帧，并修改文字的颜色为"蓝色（#0066CC）"，然后从库中将素材图片"箭头.png"拖入舞台，设置坐标位置为"X：80，Y：3"，在"单击"帧中按 F5 键延长帧，如图 6-4-23 所示。

（6）使用矩形工具在文字周围绘制一个任意颜色的矩形，并按 F8 键将其转换为图形元件"矩形"，在"属性"面板中调整其透明度为 0%，此时的效果及时间轴状态如图 6-4-24 所示。

图 6-4-23　　　　　　　　　图 6-4-24

（7）返回"场景 1"编辑窗口，选中"参数配置"元件，在"属性"面板中将其实例名称命名为 para1。然后按住 Ctrl 键的同时将该元件水平向右移动进行复制，设置其坐标位置为"X：234，Y：210"，并将其实例名称修改为 para2。再复制一次，设置其坐标位置为"X：296，Y：210"，并将其实例名称修改为 para3。此时的效果如图 6-4-25 所示。

（8）新建图层，命名为"车型展示"。在"库"面板中右键单击"参数配置"按钮元件，在弹出的快捷菜单中选择"直接复制"命令，打开"直接复制元件"对话框，修改元件名称为"车型展示"，然后单击"确定"按钮。双击"车型展示"元件进入编辑窗口，将"弹起"帧和"鼠标经过"帧中的文字修改为"车型亮点展示"，如图 6-4-26 所示。

图 6-4-25　　　　　　　　　　　　　　图 6-4-26

（9）返回"场景 1"的编辑窗口，选中图层"车型展示"的第 1 帧，从库中将元件"车型展示"拖入舞台，设置坐标位置为"X：72，Y：240"，并将其实例名称命名为 show1，如图 6-4-27 所示。

（10）依照前面的方法，将元件"车型展示"连续复制两次，分别设置其坐标位置为"X：234，Y：240"和"X：396，Y：240"，并将实例名称修改为 show2 和 show3，如图 6-4-28 所示。

图 6-4-27　　　　　　　　　　　　　　图 6-4-28

（11）按 Ctrl+F8 组合键创建一个新的影片剪辑元件 ec8para，从库中将素材图片"ec8 参数 .jpg"拖入舞台，设置坐标位置为"X：0，Y：0"。新建图层后，将素材图片"关闭按钮 .png"也拖入舞台，设置坐标位置为"X：460，Y：8"，按 F8 键将其转换为影片剪辑元件 closebtn，并将其实例名称命名为 closebtn，如图 6-4-29 所示。

（12）依照此方法，创建新的影片剪辑元件 ec7para 和 ec7rvpara，并分别拖入素材图片"ec7 参数 .jpg"和"ec7rv 参数 .jpg"，以及元件 closebtn，调整好坐标位置后将元件的实例名称命名为 closebtn，效果分别如图 6-4-30 和图 6-4-31 所示。

图 6-4-29

图 6-4-30

图 6-4-31

（13）返回"场景 1"，在"库"面板中分别右键单击元件 ec8para、ec7para 和 ec7rvpara，在弹出的快捷菜单中选择"属性"命令，并在打开的"元件属性"面板中展开"高级"选项卡，选中"为 ActionScript 导出"复选框，分别将这 3 个元件创建为 ActionScript 类。接着新建图层，命名为 actions，在第 1 帧处打开"动作"面板，为元件 para1、para2 和 para3 添加事件侦听器，当鼠标单击事件被触发时，就在舞台上添加相应的影片剪辑。同时，为 3 个 closebtn 元件添加侦听器，用于移除相应的影片剪辑。具体代码如图 6-4-32 所示。

（14）按 Ctrl+F8 组合键创建一个新的影片剪辑元件 ec8show，在"图层 1"的第 1 帧处使用基本矩形工具绘制一个矩形，设置坐标位置为"X：0，Y：0"，宽度为 490，高度为 305，笔触颜色为"无"，填充颜色为"白色"，矩形边角半径为 20，如图 6-4-33 所示。

（15）新建图层，从库中将素材图片 ec8s1.jpg 拖入舞台，设置其坐标位置为"X：25，Y：235"。接着拖入素材图片 ec8s2.jpg，设置其坐标位置为"X：132，Y：235"。继续拖入图片 ec8s3.jpg ~ ec8s10.jpg，将其纵坐标位置都设置为"Y：235"，横坐标的位置依次在前一张图片的基础上增加图片的宽度 107。此时，这 10 张图片将排成一行，如图 6-4-34 所示。

图 6-4-32   图 6-4-33

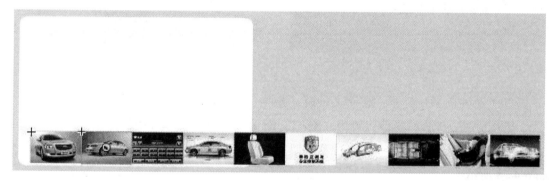

图 6-4-34

（16）分别选中这 10 张图片，依次将其转换为影片剪辑元件 btn1 ～ btn10，并将其实例名称命名为 btn1 ～ btn10；之后将这 10 张图片全部框选，将其转换为影片剪辑元件 ec8small，并将其实例名称命名为 ec8small，如图 6-4-35 所示。

图 6-4-35

（17）新建图层，使用矩形工具绘制一个填充色为任意色的矩形，设置矩形坐标为
"X：25，Y：230"，宽度为428，高度为77，如图6-4-36所示。

（18）右键单击该图层，在弹出的快捷菜单中选择"遮罩层"命令，使其对下面的
一排图片起到遮罩作用，只显示4张图片。新建图层，从库中拖入素材图片"翻页箭
头 .png"，设置坐标位置为"X：457，Y：260"，然后将该图片复制一份，并水平翻转180
度后，设置其坐标位置为"X：0，Y：260"，如图6-4-37所示。

（19）分别选中两个箭头图片，将其转换为影片剪辑元件 left 和 right，并将其实例名
称命名为 left 和 right。

图 6-4-36   图 6-4-37

（20）新建图层，打开"组件"面板，选择 UILoader 组件并拖入舞台，设置组件宽
度为466，高度为217，坐标位置为"X：7，Y：0"，实例名称为 img，并在"组件参数"
选项组中设置 source 为"../ 素材 / 帝豪车型 /ec8/big/b1.jpg"，即第一张大图片的路径，如
图 6-4-38 所示。

图 6-4-38

（21）新建图层，从库中拖入素材图片"关闭按钮 .png"，设置其坐标位置为"X：
465，Y：0"。按F8键将其转换为影片剪辑元件 closebtn，并将其实例名称命名为
closebtn，如图6-4-39所示。

图 6-4-39

（22）新建图层，在第 1 帧处打开"动作"面板，首先为两个翻页箭头元件添加控制代码，当单击事件被触发时，图片元件 ec8small 就要向左或向右移动一张图片的宽度，以便显示出下一张图片，对应的代码如图 6-4-40 所示。

（23）接下来要实现单击下面的小图片时，在上面的组件窗口中显示对应的大图片的功能，就要为每个小图片的元件 btn1 ~ btn10 分别添加侦听器，当事件触发时，就使组件 img 的 source 属性指向相应图片的存放位置，因此，需要在已有代码的基础上继续添加代码，如图 6-4-41 所示。

图 6-4-40

图 6-4-41

（24）返回"场景 1"，在"库"面板中右键单击元件 ec8show，在弹出的快捷菜单中选择"属性"命令，在打开的"元件属性"对话框中选择"高级"选项卡，选中"为 ActionScript 导出"复选框，将该元件创建为 ActionScript 类；接着在图层 actions 的第 1 帧上打开"动作"面板，并在已有代码的基础上添加如图 6-4-42 所示的代码，使元件 ec8show 中的 closebtn 起作用。

普通高等职业教育体系精品教材·计算机系列
Flash 动画制作项目教程（第 2 版）

```
35  var ec8s:ec8show=new ec8show();
39  show1.addEventListener(MouseEvent.CLICK,ec8win2);
40  function ec8win2(e:MouseEvent):void{
41      addChild(ec8s);
42      ec8s.x=40;
43      ec8s.y=17;
44      ec8s.closebtn.addEventListener(MouseEvent.CLICK,closewin4);
45  }
46  function closewin4 (e:MouseEvent):void{
47      removeChild(ec8s);
    }
```

actions : 1
第 16 行（共 48 行），第 2 列

图 6-4-42

（25）依照步骤 14～24 的制作方法，依次制作出影片剪辑元件 ec7show 和 ec7rvshow。其中，元件 ec7show 对应的效果和代码如图 6-4-43 所示；元件 ec7rvshow 对应的效果和代码如图 6-4-44 所示。

（26）至此，汽车网站的第 2 个导航页面已制作完毕。执行"文件"→"保存"命令将其存储为 models.fla。然后执行"文件"→"导出"→"导出影片"命令，将其输出为 models.swf 文件。

图 6-4-43

图 6-4-44

子任务 3　制作"市场活动"页面动画

（1）制作第 3 个导航页面。新建 Flash 文件，在"属性"面板中设置动画帧频为"FPS：30"，舞台尺寸为"550×340 像素"，舞台颜色为"灰青色（#CADCDF）"。

（2）将"图层 1"命名为"背景"，执行"文件"→"导入"→"导入到库"命令，将素材文件"页面背景 .png"以及"信息中心"文件夹中的图片 car.png 导入，然后从库中将图片"页面背景 .png"拖入舞台，设置其坐标位置为"X：0，Y：0"。

（3）新建图层，命名为"汽车"，从库中将素材图片 car.png 拖入舞台，设置其坐标位置为"X：14，Y：10"，如图 6-4-45 所示。

图 6-4-45

（4）新建图层，命名为"列表"，打开"组件"面板，选择组件 ComboBox 并将其拖入到舞台，设置其坐标位置为"X：410，Y：96"，命名其实例名称为 mylist，如图 6-4-46 所示。

图 6-4-46

（5）在"属性"面板中展开"组件参数"选项组，单击参数 dataProvider 后的值编辑按钮，打开如图 6-4-47 所示的"值"对话框。

（6）在"值"对话框中单击 + 按钮，添加第一个列表标签，并将 label 值更改为"梦享豪礼"，在 data 后输入相应的图片路径"../ 素材 / 信息中心 /pic1.png"，如图 6-4-48 所示。

图 6-4-47

图 6-4-48

（7）继续添加标签，并更改相应的 label 值和 data 值，如图 6-4-49 所示。单击"确定"按钮之后，按 Ctrl+Enter 组合键测试动画。此时，舞台上的标签效果如图 6-4-50 所示。

图 6-4-49

图 6-4-50

（8）新建图层，命名为"活动内容"，然后在"组件"面板中选择组件 UILoader 并将其拖入舞台，设置其坐标位置为"X：40，Y：120"，宽度为 470，高度为 187，实例名称为 loadwindow；接着展开"组件参数"选项组，在参数 source 后输入图片路径，如"../素材 / 信息中心 /pic2.png"，如图 6-4-51 所示。

图 6-4-51

（9）新建图层，命名为 actions，在第 1 帧处打开"动作"面板，输入如下代码。

```
mylist.addEventListener(Event.CHANGE, loadFile);
// 列表的 CHANGE 事件被触发，调用 loadFile() 函数
function loadFile(e:Event):void {
    loadwindow.source = e.target.selectedItem.data;
// 将列表组件的 data 参数值赋予组件 loadwindow 的数据源
}
```

（10）按 Ctrl+Enter 组合键测试动画，效果如图 6-4-52 所示。

（11）至此，汽车网站的第 3 个导航页面制作完毕。执行"文件"→"保存"命令将其存储为 info.fla，并执行"文件"→"导出"→"导出影片"命令将其输出为 info.swf 文件。

图 6-4-52

子任务 4　制作"市场活动"页面动画

（1）制作第 4 个导航页面。新建 Flash 文件，在"属性"面板中设置动画帧频为"FPS：30"，舞台尺寸为"550×340 像素"，舞台颜色为"灰青色（#CADCDF）"。

（2）将"图层 1"命名为"背景"，执行"文件"→"导入"→"导入到库"命令，将素材文件"页面背景 .png"以及"科技中心"文件夹中的图片全部导入，然后从库中将图片"页面背景 .png"拖入舞台，设置坐标位置为"X：0，Y：0"。

（3）新建图层，从库中将素材图片"技术 .png"、"安全 .png"和"环保 .png"拖入到舞台，分别设置各图片的坐标位置为"X：47，Y：38"、"X：410，Y：126"和"X：46，Y：210"，如图 6-4-53 所示。

（4）使用文本工具分别在 3 张图片的右侧输入相关的介绍文字（参考素材文件"汽车网站文本 .txt"），并设置标题文字的字体为"黑体"，字体大小为"14 点"，字体颜色为"红色（#FF4B21）"；内容文字大小为"12 点"，字体颜色为"黑色"，效果如图 6-4-54 所示。

图 6-4-53 图 6-4-54

（5）至此，汽车网站的第 4 个导航页面已制作完毕。执行"文件"→"保存"命令将其存储为 scie.fla，并执行"文件"→"导出"→"导出影片"命令将其输出为 scie.swf 文件。

（6）准备好这 4 个导航页面之后，还需要将它们和前面已经制作好的导航页面组合起来，形成一个完整的网站。

（7）打开前面制作好的源文件"汽车网站导航 .fla"，按 Ctrl+F8 组合键创建一个新的影片剪辑元件 menu，然后将素材图片"导航 .png"导入到库中，并拖放到舞台上，设置其坐标位置为"X：0，Y：0"。然后，使用文本工具输入文本"menu"，并将其旋转 -90°，调整位置后的效果如图 6-4-55 所示。

图 6-4-55

（8）在"属性"面板中右键单击元件 menu，在弹出的快捷菜单中选择"属性"命令，打开"元件属性"对话框，选择"高级"选项卡，选中"为 ActionScript 导出"复选框，将这个元件创建为 ActionScript 类。

（9）返回主场景，选择第 1 帧，打开"动作"面板，在原有的定义变量代码之后添加如下代码。

```
var myurl:URLRequest = new URLRequest();
var loader:Loader = new Loader();
```

```
var mc:MovieClip;
var mymc:MovieClip;
var pro:menu=new menu();
```

（10）在 onTick() 函数体中的代码 "i++" 之前添加如下代码。

```
this["m"+i].addEventListener(MouseEvent.CLICK,idr); // 鼠标单击事件触发，调用函数 idr()
```

（11）定义相应的函数，在所有代码之后添加如下代码。

```
function idr(e:MouseEvent):void{
    if(e.currentTarget==m1){
        myurl.url = "about.swf";
        mymc=m1 as MovieClip;
    }
    else if(e.currentTarget==m2){
        myurl.url = "models.swf";
        mymc=m2 as MovieClip;
    }
    else if(e.currentTarget==m3){
        myurl.url = "info.swf";
        mymc=m3 as MovieClip;
    }
    else{
    myurl.url = "scie.swf";
    mymc=m4 as MovieClip;
    }
    loading();
}
```

以上代码用于判断当前鼠标单击的对象，并将该对象要加载的页面文件赋予变量 myurl.url，同时也将该对象赋予影片剪辑变量 mymc。由于判断之后就要进行页面文件的加载操作，因此要调用函数 loading()。

（12）定义函数 loading()，代码如下。

```
function loading():void{
unloadmenu();
    mymc.visible=true;
    mymc.x=80;
    mymc.y=170;
    mymc.removeEventListener(MouseEvent.CLICK,idr);
    loader.contentLoaderInfo.addEventListener(Event.COMPLETE,doLoad);
    loader.load(myurl);
}
```

以上代码首先调用函数 unloadmenu()，使舞台上的所有导航元件在加载文件之前消失；接着，将鼠标单击的对象显示在舞台上，并设置其相应的坐标位置，同时移除了该对象的事件侦听器，使鼠标单击事件不再可用，从而避免了页面文件的重复加载；最后，通过 loader 加载器判断页面文件是否已加载完成，如果完成则调用函数 doLoad()，并使用 load() 方法加载相应的页面文件。

（13）定义函数 unloadmenu() 和 doLoad()，需在所有代码之后添加如下代码。

```
function unloadmenu():void{
    for (var j=1;j<5;j++){
        this["m" +j].visible=false;
    }
}
function doLoad(e:Event):void{
    mc = e.target.content as MovieClip;
    this.addChild(mc);
    new Tween(mc, " alpha " ,Strong.easeOut,0,1,1,true);
    new Tween(mc, " scaleX " ,Strong.easeOut,0.1,1,1,true);
    new Tween(mc, " scaleY " ,Strong.easeOut,0.1,1,1,true);
    new Tween(mc, " x " ,Back.easeOut,0,170,1,true);
    new Tween(mc, " y " ,Back.easeOut,100,155,1,true);
    mc.play();
    addChild(pro);
    pro.x=700;
    pro.y=180;
    pro.addEventListener(MouseEvent.CLICK,daohang);
    swapChildren(mc,mymc);    // 交换两个元件的排列次序，使元件 mymc 在 mc 之上
}
```

函数 unloadmenu() 通过一个循环，将所有导航元件的 visible 属性设置为 false，从而达到使导航元件消失的目的；函数 doLoad() 首先将加载的内容存入影片剪辑变量 mc 中，并使用 addChild() 方法将其添加到舞台上，同时通过 Tween 类达到页面文件逐渐显现的动画效果；在页面文件显示的同时，也在舞台上添加了之前定义的 menu 类所对应的元件，当该元件的鼠标单击事件被触发时，调用函数 daohang()。

（14）定义函数 daohang()，代码如下。

```
function daohang(e:MouseEvent):void{
    removeChild(pro);
    removeChild(mymc);
    removeChild(mc);
    mc = null;
    i=1;
    timer.reset();
    timer.start();
}
```

当 menu 类的实例 pro 触发鼠标单击事件时，调用函数 daohang()，使用 removeChild() 方法移除舞台上所有的元件，并将元件 mc 清空，用于存储之后加载的页面文件。在舞台

清空之后，需要让 4 个导航元件重新显示，因此要将变量 i 的值重置为 1，并使用 reset() 方法和 start() 方法使计时器 timer 重新开始计时。

（15）至此，整个汽车网站动画已制作完毕。按 Ctrl+Enter 组合键测试动画效果，单击第 1 个导航元件的效果如图 6-4-56 所示。测试完毕后将源文件另存为"汽车网站 .fla"。

图 6-4-56

6.4.4　知识点总结

（1）本节实例的制作中不但沿用了前面学习过的缓动类 Tween 和计时器类 Timer，还多次使用 addChild() 方法在舞台上添加对象。这些都是很常用的技术，读者要多加练习并熟练掌握。

（2）如果要加载外部的 SWF、JPG、PNG 或 GIF 文件，使用 UILoader 组件可以节省不少时间。首先，从"组件"面板中将 UILoader 组件拖入舞台，通过设置该组件的 source 属性，就可以加载 SWF 等格式的文件到该组件中。其基本语法和使用要点参考项目 4。

项 7 目
PROJECT

多媒体作品创作

时下流行的 Flash 短片、片头动画、网络动画等集构图、画面、情节、音乐等多种形式为一体，借助它，创作者可以诠释自己内心的情感，而这正是 Flash 动画的魅力所在。

7.1 任务 1——制作 MTV 动画

MTV 是 Flash 动画中很重要的一种表现形式，它通常以动画的形式讲述一个故事，或通过一个故事情节阐述某首歌曲。本实例根据一首歌曲完成动画，分成若干个场景来完成动画细节。制作时要注意不同音乐背景下场景的布置、人物的动作等。在结束界面中，单击不同的按钮，可以跳转到相应的部分回放。动画比较长，制作时需要非常耐心和细心。

7.1.1 实例效果预览

本节实例效果如图 7-1-1 所示。

图 7-1-1

7.1.2　技能应用分析

1．根据一首歌曲进行 Flash 动画脚本的创作。

2．运用基本动画形式完成人物场景设置，人物动作等部分。

3．整个动画较长，因此根据歌曲意境将动画分成了若干个场景来实现。

4．在结束界面，单击不同按钮，可以跳转到相应的部分播放。

7.1.3　制作步骤解析

子任务 1　制作"遮幕"影片剪辑元件

（1）执行"文件"→"新建"命令，在弹出的"新建文档"对话框中选择"常规"选项卡中的"ActionScript 3.0"选项，右侧"属性"值设置为默认，创建一个新的空白 Flash 文档。执行"文件"→"导入"→"导入到库"命令，将配套光盘中的素材文件导入到库。按 Ctrl+S 组合键将文档保存为"MTV 动画 OK"。

（2）新建"遮幕"图层，绘制一个比舞台大的黑色矩形，然后在黑色矩形旁边绘制一个大小为"550×400 像素"的白色矩形，并在"属性"面板中将其位置设置为"X：0，Y：0"，利用"同色相焊接，异色相剪切"的属性，再次删除白色矩形，就得到了类似于窗户口的黑色矩形，如图 7-1-2 所示。

（3）右键单击黑色"遮幕"，在弹出的快捷菜单中选择"转换为元件"命令，在弹出的"转换为元件"对话框中将元件命名为"遮幕"，"类型"设置为"影片剪辑"，如图 7-1-3 所示。

图 7-1-2

图 7-1-3

（4）双击进入"遮幕"影片剪辑，在第 140 帧处插入帧"，将黑幕延长一段时间。利用文本工具输入"MTV 动画制作"文本，字体为"文鼎齿轮体"，大小为 22，字体颜色为"白色"，将文本调整到合适位置，如图 7-1-4 所示。

（5）按 Ctrl+B 组合键打散文本，并单击鼠标右键，在弹出的快捷菜单中选择"分散到图层"命令。分别选中每一层的文字，单击鼠标右键，在弹出的快捷菜单中选择"转换为元件"命令，分别将每一层的文件转换为"图形"元件。在"图层"面板中，将"图层

1"命名为"遮幕"，选择"图层2"将其删除。分别选择每个图层的第25帧，按F5键插入帧，如图7-1-5所示。

图 7-1-4

图 7-1-5

（6）分别选中每个文字图层的第25帧，按F6键插入关键帧，并用方向键将每个文字向左移动到合适位置上。选中每个文字图层的第1帧并创建传统动画，如图7-1-6所示。

（7）在每个文字图层的第70帧和第95帧处，分别按F6键插入关键帧，再单击每个图层的第95帧处，并用方向键将每个文字向左移动到合适位置上，95帧处舞台如图7-1-7所示。在每个文字图层的77帧处创建传统补间，此时的时间轴如图7-1-8所示。

（8）将每个文本图层的帧分别移动，使每个图层文本之间动画间隔5帧，时间轴如图7-1-9所示。在每个图层的第140帧处按F5键插入帧。

图 7-1-6

图 7-1-7

图 7-1-8

图 7-1-9

子任务 2 制作"序幕"影片剪辑元件

（9）制作"序幕"影片剪辑元件。选择"插入"→"新建元件"命令（或者按 F8
键），在弹出的"创建新元件"对话框中，设置"名称"为"序幕"，"类型"为"影片剪
辑"，单击"确定"按钮，如图 7-1-10 所示。

（10）在当前的"序幕"影片剪辑元件中，新建两个图层，分别命名为"遮罩"和
"序幕"。利用文本工具，在"序幕"图层输入文字，字体为"汉鼎简行书"，大小为 20，
字体为"黑色"，如图 7-1-11 所示。

图 7-1-10

图 7-1-11

（11）单击鼠标右键，在弹出的快捷菜单中选择"转换为元件"命令，在弹出的对话
框中设置"名称"为"序幕词"，"类型"为"图形"，单击"确定"按钮，如图 7-1-12 所示。

图 7-1-12

（12）在"遮罩"图层的第 1 帧处，利用矩形工具，在工具选项位置设置其"笔触颜
色"为"无"，"填充颜色"为"蓝色"，如图 7-1-13 所示，然后在当前场景中心位置绘制
一个宽度为 259，高度为 119 的长方形，如图 7-1-14 所示。

图 7-1-13

图 7-1-14

（13）分别在两个图层的第 60 帧，按 F5 键插入帧，在"序幕"图层的第 60 帧处按 F6 键插入关键帧，将序幕词向上移动到矩形框内，并选中"序幕"图层的第 1 帧，单击鼠标右键，在弹出的快捷菜单中选择"创建传统补间"命令，如图 7-1-15 所示。

图 7-1-15

（14）分别在两个图层的第 133 帧处按 F5 键插入帧，在"序幕"图层的第 90 帧和第 133 帧处插入关键帧。单击"序幕"图层的第 133 帧，将序幕词向上移出到矩形框上，右键单击"序幕"图层的第 90 帧，在弹出的快捷菜单中选择"插入传统补间"命令，如图 7-1-16 所示。

（15）在"图层"面板中右键单击"遮罩"图层，在弹出的快捷菜单中选择"遮罩层"命令，如图 7-1-17 所示。

图 7-1-16

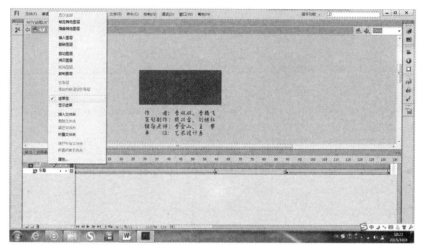

图 7-1-17

子任务 3　制作"背景 1 ～背景 3"影片剪辑元件

（16）选择"插入"→"新建元件"命令，在弹出的"创建新元件"对话框中，设置
"名称"为"背景 1"，"类型"为"影片剪辑"，单击"确定"按钮，创建"背景 1"影片
剪辑元件，如图 7-1-18 所示。

图 7-1-18

（17）在当前的"背景 1"影片剪辑元件中，单击两次"插入图层"按钮，创建 3 个图层，分别双击图层名称并命名为"草皮"、"人物吉他"和"天空"，如图 7-1-19 所示。

图 7-1-19

（18）打开"库"面板，拖曳"天空 .png"文件到"天空"图层第 1 帧场景的中心位置，拖曳"草皮 .png"文件到"草皮"图层第 1 帧场景的合适位置，如图 7-1-20 所示。

图 7-1-20

（19）双击打开配套光盘中的"动画素材 .fla"源文件，在"MTV 动画 OK.fla"中的"背景 1"影片剪辑元件的场景中，单击"人物吉他"图层的第 1 帧，在"库"面板中选择"动画素材 .fla"文件，如图 7-1-21 所示，切换到"动画素材 .fla"的"库"面板，并拖曳"人物吉他"元件到场景的合适位置，如图 7-1-22 所示。

图 7-1-21

图 7-1-22

（20）选择"插入"→"新建元件"命令，在弹出的"创建新元件"对话框中，设置"名称"为"背景2"，"类型"为"影片剪辑"，单击"确定"按钮，创建"背景2"影片剪辑元件，如图7-1-23所示。

（21）在当前的"背景2"影片剪辑元件中，单击4次"插入图层"按钮，创建5个图层，然后分别双击图层名称并命名为"花"、"草坪"、"背影"、"树木"和"人物"，如图7-1-24所示。

图 7-1-23　　　　　　　　　　　　　　　　　图 7-1-24

（22）打开"库"面板，拖曳"草坪.png"文件到"草坪"图层第1帧场景的中心位置；拖曳girl.png元件到"人物"图层第1帧场景的合适位置；拖曳树木.png元件到"树木"图层第1帧场景的合适位置；拖曳背景.png元件到"背景"图层第1帧场景的合适位置，如图7-1-25所示。

图 7-1-25

（23）单击"花"图层的第1帧，在"库"面板中选择"动画素材.fla"文件，切换到"动画素材.fla"的"库"面板，拖曳"花"影片剪辑元件到场景的合适位置，选择"修改"→"变形"→"水平翻转"命令，并利用变形工具加Shift键，将"花"元件等比例缩小到合适大小，如图7-1-26所示。

（24）选择"插入"→"新建元件"命令，在弹出的"创建新元件"对话框中，设置"名称"为"背景3"，"类型"为"影片剪辑"，单击"确定"按钮，创建"背景3"影片剪辑元件。

图 7-1-26

（25）在当前的"背景 3"影片剪辑元件中，新建一个图层，将现有的图层分别命名为"男孩"和"女孩"。打开"库"面板，拖曳"男孩.png"元件到"男孩"图层的第 1 帧场景，拖曳"女孩.png"元件到"女孩"图层第 1 帧场景的合适位置，如图 7-1-27 所示。

图 7-1-27

子任务 4 添加 MTV 动画按钮元件

（26）制作 play 按钮元件。选择"插入"→"新建元件"命令，在弹出的"创建新元件"对话框中，设置"名称"为 play，"类型"为"按钮"，单击"确定"按钮，创建 play 按钮元件，如图 7-1-28 所示。

图 7-1-28

（27）在当前的 play 按钮元件中，单击场景打开"属性"面板，设置背景颜色为

"#999999（灰色）"。选中"图层 1"中的"弹起"帧，利用文本工具输入文本"play"，设置文本大小为 40，字体为"文鼎齿轮体"，颜色为"白色"，如图 7-1-29 所示。

图 7-1-29

（28）在"图层 1"的"指针经过"帧处，按 F6 键插入关键帧，打开"属性"面板，设置颜色为"黑色"，如图 7-1-30 所示。在"点击"帧处，按 F6 键插入关键帧，利用矩形工具，在场景的文本中绘制一个矩形（此矩形的大小是鼠标单击按钮的范围），颜色任意，如图 7-1-31 所示。

图 7-1-30

图 7-1-31

（29）参照上述方法，制作 replay 按钮元件，如图 7-1-32 所示。

图 7-1-32

（30）制作 exit 按钮元件。选择"插入"→"新建元件"命令，在弹出的"创建新元件"对话框中，设置"名称"为"exit"，"类型"为"按钮"，单击"确定"按钮，创建 exit 按钮元件。

（31）在当前的 exit 按钮元件中，打开"库"面板，选择"动画素材 .fla"文件，拖曳"关闭"元件到"图层 1"中的"弹起"帧的场景中心位置，如图 7-1-33 所示。

（32）在"图层 1"中的"指针经过"帧处，按 F7 键插入空白关键帧，在"动画素材 .fla"文件的"库"面板中，拖曳"关闭 1"元件到"图层 1"中的"指针经过"帧的场景中心位置，并在"图层 1"中的"点击"帧处，按 F6 键插入关键帧，如图 7-1-34 所示。

图 7-1-33

图 7-1-34

（33）制作"隐形"按钮元件。选择"插入"→"新建元件"命令，在弹出的"创建新元件"对话框中，设置"名称"为"隐形"，"类型"为"按钮"，单击"确定"按钮，创建"隐形"按钮元件。

（34）在当前的"隐形"按钮元件中，在"图层 1"中的"点击"帧处，利用矩形工具，在编辑场景的中心位置绘制一个矩形，大小设置如图 7-1-35 所示。

图 7-1-35

子任务 5　制作 MTV 动画效果

（35）回到主场景中，新建一个图层，命名为"背景 1"，拖曳"背景 1"影片剪辑元件到"背景 1"图层第 1 帧的合适位置，如图 7-1-36 所示。

图 7-1-36

（36）单击"遮幕"图层，新建两个图层，分别将两个图层依次命名为 title 和"序幕"。拖曳"序幕"影片剪辑元件到"序幕"图层第 1 帧场景的左下角的合适位置；拖曳库中 title 元件到 title 图层第 1 帧场景的右上角的合适位置，如图 7-1-37 所示。

图 7-1-37

（37）分别选择 title 图层与"序幕"图层的第 2 帧，按 F7 键插入空白关键帧。分别在"遮幕"图层与"背景 1"图层的第 135 帧处，按 F5 键插入帧，在"背景 1"图层的第 135 帧处，按 F6 键插入关键帧，如图 7-1-38 所示。

图 7-1-38

（38）用方向键将"背景 1"图层的 135 帧的"背景 1"影片剪辑向左上角移动到合适位置，在"背景 1"图层的第 1 帧处，单击鼠标右键，在弹出的快捷菜单中选择"创建传统补间"命令，如图 7-1-39 所示。

图 7-1-39

（39）分别在"遮幕"图层与"背景 1"图层的第 216 帧处，按 F5 键插入帧。在"背景 1"图层的第 165 帧、216 帧处，按 F6 键插入关键帧。在 216 帧处将"背景 1"元件向左移动到一定的位置，在"背景 1"图层的第 165 帧处右键单击，在弹出的快捷菜单中选择"创建传统补间"命令，如图 7-1-40 所示。

图 7-1-40

（40）单击"遮幕"图层的第 630 帧，按 F5 键插入帧。分别在"背景 1"图层的第 259 帧、265 帧处，按 F6 键插入关键帧。在第 265 帧处，选择"背景 1"元件，打开"属性"面板，在"色彩效果"选项中设置"样式"为"Alpha"，将透明度值设置为 0，如图 7-1-41 所示。在第 259 帧处创建传统补间，如图 7-1-42 所示。

图 7-1-41　　　　　　　　　　　　　　　图 7-1-42

（41）单击"背景 1"图层的第 266 帧，按 F7 键插入空白关键帧，在"库"面板中，拖曳"背景 2"影片剪辑元件到场景的合适位置，如图 7-1-43 所示。

（42）新建一个图层并命名为"天空"，将"天空"图层放置在"背景 1"下方。单击"天空"图层的第 265 帧，按 F7 键插入空白关键帧。打开"库"面板，拖曳"天空"元件到场景的合适位置，如图 7-1-44 所示。

图 7-1-43

图 7-1-44

（43）分别单击"天空"图层与"背景 1"图层的第 284 帧，按 F6 键插入关键帧。单击"天空"图层与"背景 1"图层的第 266 帧，在"属性"面板中，选择"色彩效果"下的"亮度"值，设置亮度值为 100，并在第 266 帧处创建传统补间，如图 7-1-45 所示。

图 7-1-45

（44）分别单击"天空"图层与"背景 1"图层的第 386 帧，按 F6 键插入关键帧。用方向键将"天空"元件与"背景 2"元件同时向左移动一定位置。单击"天空"图层与"背景 1"图层的第 284 帧，创建传统补间。

（45）分别单击"天空"图层与"背景 1"图层的第 423 帧，按 F6 键插入关键帧。在场景中选择"背景 2"元件，打开"属性"面板，设置"色彩效果"选项中的 Alpha 值为 0。单击"天空"图层的第 423 帧，将"天空"元件向上移动。分别选中"天空"图层与"背景 1"图层的第 386 帧，创建传统补间，如图 7-1-46 所示。

图 7-1-46

（46）单击"背景 1"图层，新建两个图层，并分别命名为"背景 3"和"花"。分别单击"背景 3"与"花"图层的第 386 帧，按 F7 键插入空白关键帧，打开"库"面板，拖曳 BG03 元件到"背景 3"图层的第 386 帧场景中的合适位置，如图 7-1-47 所示。

图 7-1-47

（47）单击"花"图层的第 386 帧，打开"库"面板，拖曳"花"影片剪辑元件到场景中的合适位置。利用变形工具加 Shift 键，将"花"影片剪辑元件等比例缩小到合适大小，如图 7-1-48 所示。

图 7-1-48

（48）同时单击"背景 3"图层与"花"图层的第 423 帧，按 F6 键插入关键帧。分别单击"背景 3"图层与"花"图层的第 386 帧，在场景中，选中"BG03"元件及"花"元件，在"属性"面板中设置其 Alpha 值为 0，并在第 386 帧处创建传统补间，如图 7-1-49 所示。

图 7-1-49

（49）分别在"花"、"背景 3"、"背景 1"和"天空"图层的第 495 帧插入帧。

（50）单击"花"图层，新建一个图层，命名为"人物"，在"人物"图层的第 445 帧处，按 F7 键插入空白关键帧，打开"库"面板，拖曳"背景 3"元件到场景的合适位置，如图 7-1-50 所示。

（51）单击"人物"图层的第 460 帧，按 F6 键插入关键帧，在"人物"图层的第 445 帧，将"背景 3"元件的 Alpha 值设置为 0，并在该帧处创建传统补间。单击"人物"

图层的第 495 帧，按 F6 键插入关键帧，用方向键将其向左移动一定的距离，如图 7-1-51 所示。

图 7-1-50

图 7-1-51

（52）分别单击"背景 3"、"花"、"背景 1"和"天空"图层的第 495 帧，按 F6 键插入关键帧。同时单击"人物"、"背景 3"、"花"、"背景 1"和"天空"图层的第 505 帧，按 F6 键插入关键帧。选中"背景 3"、BG03、"花"、"背景 1"和"天空"元件，在"属性"面板中，分别设置 Alpha 值为 0，并同时在第 495 帧处创建传统补间，如图 7-1-52 所示。

（53）单击"人物"图层，新建两个图层，并分别命名为"夜空"与"人物 1"。单击"夜空"图层的第 495 帧，按 F7 键插入空白关键帧，在"库"面板中，拖曳"夜空"元件到场景的合适位置。单击"人物 1"图层的第 505 帧，按 F7 键插入空白关键帧，在"库"

面板中，拖曳"牵手"元件到场景的合适位置，如图 7-1-53 所示。

图 7-1-52

图 7-1-53

（54）单击"夜空"图层的第 505 帧，按 F6 键插入关键帧，单击"夜空"图层的第
495 帧，在场景中选中"夜空"元件，在"属性"面板中，将透明度设置为 0，单击右键
创建传统补间，如图 7-1-54 所示。

（55）在"人物 1"图层与"夜空"图层的第 545 帧处，按 F6 键插入关键帧。在场景
中同时将"牵手"元件与"夜空"元件向上移动一定的距离，并在第 505 帧处右键单击创
建传统补间，如图 7-1-55 所示。

（56）单击"人物 1"图层的第 581 帧，按 F6 键插入关键帧，在"属性"面板中，将
"牵手"元件透明度设置为 0，并在第 545 帧处右键单击创建传统补间，如图 7-1-56 所示。

图 7-1-54

图 7-1-55

图 7-1-56

（57）单击"人物"图层，新建一个图层，命名为"人物 2"。在"人物 2"图层的第 564 帧处，按 F7 键插入空白关键帧，在库中拖曳"拥抱"元件到场景的合适位置。在第 580 帧处插入关键帧，在 564 帧右键单击创建传统补间，并将 564 帧处的"拥抱"元件透明度设置为 0，如图 7-1-57 所示。

图 7-1-57

（58）单击"夜空"图层的第 581 帧，按 F6 键插入关键帧，分别在"夜空"图层与"人物 2"图层的第 630 帧，按 F6 键插入关键帧。用方向键向下移动一定的距离，并在第 581 帧处单击右键创建传统补间，如图 7-1-58 所示。

图 7-1-58

子任务 5　添加 MTV 字幕和音效

（59）添加声音文件。单击 title 图层，新建两个图层，分别命名为"音乐"与"字幕"，分别在"音乐"图层与"字幕"图层的第 2 帧处，按 F7 键插入空白关键帧。打开"库"面板，拖曳"米黄色的衬衫 .mp3"到"音乐"图层的第 2 帧，单击"音乐"图层的第 2 帧，在"属性"面板中，设置"效果"为"淡出"，"同步"为"数据流"，如图 7-1-59 所示。

（60）添加 MTV 歌曲字幕。在配套光盘中找到"歌词 .txt"文本文件，双击打开。单击"字幕"图层的第 125 帧，按 F7 键插入空白关键帧。选中歌词的第一句，复制粘贴到第 125 帧下方合适位置。设置文本属性，大小为 20，字体为"汉鼎简行书"，颜色为"白色"，如图 7-1-60 所示。

图 7-1-59

图 7-1-60

（61）用同样的方法，分别在"字幕"图层的第 196、256、316、385、446、507、572 帧处插入相应的文本歌词。

（62）选择"字幕"图层，插入 5 个图层，从下至上分别命名为"开始播放"、"跳转播放"、"全屏开关"、"重新播放"和"AS"。分别在"开始播放"和"全屏开关"第 1 帧处插入空白关键帧，将库中 play 按钮元件放置"开始播放"图层的第 1 帧，将 exit 和"缩放"两个按钮元件放置"全屏开关"图层的第 1 帧。在"开始播放"图层的第 2 帧处插入空白关键帧，如图 7-1-61 所示。

图 7-1-61

（63）分别在"重新播放"和"跳转播放"第 630 帧处插入空白关键帧，将库中"**replay**"按钮元件放置"重新播放"图层第 630 帧，将 zhetu1、zhetu2 和 zhetu3 3 个图形元件放置"跳转播放"图层的第 630 帧，拖曳 3 个"隐形"按钮到"跳转播放"图层的第 630 帧，分别放到 zhetu1、zhetu2 和 zhetu3 3 个图形元件的上方，如图 7-1-62 所示。

图 7-1-62

（64）选中场景中的 play 按钮，打开"属性"面板，设置实例名称为 kaishi，如图 7-1-63 所示。

图 7-1-63

（65）使用同样的方法，将场景中的按钮 exit、缩放和 replay 分别设置实例名称为 OFF、SF 和 REP，将 3 个隐形按钮从上至下分别设置实例名称为 YX1、YX2、YX3。

（66）右键单击 AS 第 1 帧，在弹出的快捷菜单中选择"动作"命令，打开"动作"面板，在面板中输入如下语句。

```
stop();
```

```
kaishi.addEventListener(MouseEvent.MOUSE_DOWN,gogo);
function gogo(e:MouseEvent):void{
    gotoAndPlay(2);
    }
OFF.addEventListener(MouseEvent.MOUSE_DOWN,GB);
function GB(e:MouseEvent):void{
    fscommand( "quit" );
    }
SF.addEventListener(MouseEvent.MOUSE_DOWN,suofang);
function suofang(e:MouseEvent):void{
    stage.displayState = StageDisplayState.FULL_SCREEN;
    }
```

（67）右键单击 AS 第 630 帧，在弹出的快捷菜单中选择"动作"命令，打开"动作"
面板，在面板中输入如下语句：

```
stop();
REP.addEventListener(MouseEvent.MOUSE_DOWN,CB);
function CB(e:MouseEvent):void{
    gotoAndPlay(2);
    }
YX1.addEventListener(MouseEvent.MOUSE_DOWN,go1);
function go1(e:MouseEvent):void{
    gotoAndPlay(136);
    }
YX2.addEventListener(MouseEvent.MOUSE_DOWN,go2);
function go2(e:MouseEvent):void{
    gotoAndPlay(283);
    }
YX3.addEventListener(MouseEvent.MOUSE_DOWN,go3);
function go3(e:MouseEvent):void{
    gotoAndPlay(545);
    }
```

（68）保存动画文件。至此，MTV 动画制作完成。

7.1.4　拓展训练

参照 MTV 动画制作的创作过程，可独立思考完成配套光盘中其他实例。

7.2　任务 2——制作电子相册

本任务中的电子相册主要使用动作脚本进行控制。下方的缩略图上放置有隐形按钮，当用户单击下面的缩略图时，将在上方显示出对应的大图；当用户单击缩略图左右两侧的箭头按钮时，可以查看更多的缩略图。制作完成后，用户可以通过简单修改该电子相册的动作脚本，添加更多的照片，实现电子相册的扩展。

7.2.1 实例效果预览

本节实例效果如图 7-2-1 所示。

图 7-2-1

7.2.2 技能应用分析

1．选择几张精心挑选的图片素材，设置相同大小，作为相册的照片。

2．制作图片的缩览区以及图片的展示区。

3．为相册添加必要的代码，完成相应的动作。

4．电子相册具有很强的可扩展性，添加或删除图片简单修改部分脚本即可。

7.2.3 制作步骤解析

（1）新建一个空白 Flash 文档（ActionScript 3.0），设置文档大小为 550×550 像素，背景色为灰色，然后将其保存到指定的文件夹中。

（2）将照片素材导入到库中（照片已经过处理，大小一致。本实例中图片尺寸为 500×375 像素），然后新建按钮元件"按钮 1"～"按钮 8"，并依次将 photo01～photo08

拖入各个元件的编辑区，放置于 X：0，Y：0 的位置，如图 7-2-2 所示。

图 7-2-2

（3）新建图形元件，命名为"相框"。在其编辑窗口中，绘制一个宽为 514、高为 390 的银灰色空心矩形，如图 7-2-3 所示。

图 7-2-3

（4）新建影片剪辑元件，命名为"相册展示"。在其编辑窗口中，新建"起始"图层，单击第 1 帧，从"库"面板中将"按钮 1"元件拖入，如图 7-2-4 所示。

图 7-2-4

（5）新建"相框"图层，拖入"相框"元件，打开"窗口"→"对齐"面板，同时选中"相框"和"图片"两个元件，单击"对齐"面板上的"水平居中对齐"按钮和"垂直居中对齐"按钮，使这两个元件对齐。在第 320 帧处插入帧，新建"起始代码"图层，在第 1 帧处添加代码"stop();"，如图 7-2-5 所示。

图 7-2-5

（6）新建"图片 1"图层，在第 2 帧处插入关键帧，并拖入"按钮 1"元件，在第 40 帧处插入帧，然后在第 2 ～ 40 帧之间的任意帧上单击鼠标左键；执行"创建补间动画"命令，并在第 40 帧处单击鼠标右键，在弹出的快捷菜单中选择"插入关键帧"→"全部"命令，如图 7-2-6 所示。

图 7-2-6

（7）新建"动作 1"图层，在第 40 帧处添加代码"stop();"，如图 7-2-7 所示。

图 7-2-7

（8）新建"图片2"图层，在第41帧处插入关键帧，并拖入"按钮2"元件，在第80帧处插入帧，然后在第41～80帧之间的任一帧上单击鼠标右键，在弹出的快捷菜单中选择"创建补间动画"命令，并在第80帧处单击鼠标右键，在弹出的快捷菜单中选择"插入关键帧"→"全部"命令，如图7-2-8所示。

图 7-2-8

（9）选中"图层2"中第41帧中的"按钮2"图形元件，打开"属性"面板，设置"色彩效果"→"亮度"为-100，第80帧中的图形元件"亮度"为0，如图7-2-9所示。

图 7-2-9

（10）新建"动作2"图层，在第80帧处添加动作代码"stop();"。

（11）按照同样的方法，制作其余6张图片的动画效果。依次插入"图片3"、"动作3"、……"图片8"、"动作8"共12个图层，设置每张图片的动作长度都为39帧，起始位置依次间隔40帧，上方都有一个动作图层。即"图片3"图层的起始位置是第81～120帧，"图片4"图层的起始位置是第121～160帧，"图片5"图层的起始位置是第161～200帧，"图片6"图层的起始位置是第201～240帧，"图片7"图层的起始位置是第241～280帧，"图片8"图层的起始位置是第281～320帧。然后，选择"动作3"～"动作8"图层，在对应图片图层结束位置的帧处添加代码"stop();"。最终的时间轴状态如图7-2-10所示。

图 7-2-10

（12）新建影片剪辑元件，命名为"缩略图集合"。在其编辑窗口中新建"图层1"～"图层8"，依次分别在每个图层放入"按钮1"～"按钮8"元件。设置其宽度为100，高度为75，打开"对齐"面板，设置所有图片垂直居中对齐和等间隔水平分布（间隔值为20），如图 7-2-11 所示。

图 7-2-11

（13）分别选择每一个按钮元件，在"属性"面板中分别设置其实例名称为btn_1 ～ btn_8，如图 7-2-12 所示。

图 7-2-12

（14）新建按钮元件，命名为"左箭头"。在其编辑窗口中，绘制两个向左的箭头，如图 7-2-13 所示。同样，新建按钮元件"右箭头"，在其编辑窗口中绘制两个向右的箭头。

（15）新建图形元件，命名为"遮罩"。在其编辑窗口中，绘制一个宽为 456、高为 90 的蓝色矩形，如图 7-2-14 所示。

图 7-2-13

图 7-2-14

（16）新建影片剪辑元件，命名为"图片菜单"。在其编辑窗口中，新建 3 个图层，从下至上依次命名为"图片"、"遮罩"和"左右按钮"。然后将"缩览图集合"影片剪辑元件放置在"图片"层上，将"遮罩"图形元件放置在"遮罩"层上，将"左箭头"和"右箭头"按钮元件放置在"左右按钮"层上。然后调整各元件的位置，使得"遮罩"图形元件恰好遮盖住"缩略图集合"影片剪辑元件的前 4 张缩略图，而"左箭头"和"右箭头"按钮元件分别位于"遮罩"图形元件的两端，如图 7-2-15 所示。

图 7-2-15

（17）鼠标右击将"遮罩"层设置遮罩层，使其成为"图片"层的遮罩层。此时"遮罩"层和"图片"层都被锁定。场景中只剩下被"遮罩"的 4 张图片，如图 7-2-16 所示。

图 7-2-16

（18）设置"左箭头"及"右箭头"按钮元件的实例名为 larrow 和 rarrow，"缩略图集合"元件的实例名称为 pics，如图 7-2-17 所示。

图 7-2-17

（19）返回主场景，新建"展示"和"菜单"图层。将"相册展示"元件拖入"展示"图层，将"图片菜单"元件拖入"菜单"图层，摆放位置如图 7-2-18 所示。

图 7-2-18

（20）将"相册展示"元件设置实例名为 display；将"图片菜单"元件设置其实例名称为 menu，如图 7-2-19 和图 7-2-20 所示。

（21）将配套光盘中的声音素材 sound.mp3 导入库中。在主场景中新建图层 sound，将声音文件拖入，打开"属性"面板，设置"同步"方式为"事件"和"循环"，如图 7-2-21 所示。

图 7-2-19　　　　　　　图 7-2-20　　　　　　　图 7-2-21

（22）新建"动作"图层，添加如下代码。

```
menu.larrow.addEventListener(MouseEvent.CLICK,lmove);
function lmove(event:MouseEvent):void {
    if(menu.pics.x>=-240.2)
    {}
    else {
        menu.pics.x=menu.pics.x+120;
        }
    };
menu.rarrow.addEventListener(MouseEvent.CLICK,rmove);
function rmove(event:MouseEvent):void {
    if(menu.pics.x<=-601)
    {}
    else{
        menu.pics.x=menu.pics.x-120;
        }
    };
menu.pics.btn_1.addEventListener(MouseEvent.CLICK,moving1);
function moving1(event:MouseEvent):void {
    display.gotoAndPlay(2);
    };
menu.pics.btn_2.addEventListener(MouseEvent.CLICK,moving2);
function moving2(event:MouseEvent):void {
    display.gotoAndPlay(41);
    };
menu.pics.btn_3.addEventListener(MouseEvent.CLICK,moving3);
function moving3(event:MouseEvent):void {
    display.gotoAndPlay(81);
    };
menu.pics.btn_4.addEventListener(MouseEvent.CLICK,moving4);
function moving4(event:MouseEvent):void {
```

```
        display.gotoAndPlay(121);
        };
menu.pics.btn_5.addEventListener(MouseEvent.CLICK,moving5);
function moving5(event:MouseEvent):void {
        display.gotoAndPlay(161);
        };
menu.pics.btn_6.addEventListener(MouseEvent.CLICK,moving6);
function moving6(event:MouseEvent):void {
        display.gotoAndPlay(201);
        };
menu.pics.btn_7.addEventListener(MouseEvent.CLICK,moving7);
function moving7(event:MouseEvent):void {
        display.gotoAndPlay(241);
        };
menu.pics.btn_8.addEventListener(MouseEvent.CLICK,moving8);
function moving8(event:MouseEvent):void {
        display.gotoAndPlay(281);
        };
```

（23）按 Ctrl+Enter 组合键测试影片，然后按 Ctrl+S 组合键保存文件。

7.2.4　知识点总结

1．可以在电子相册外围做装饰性修改。

2．通过设置图片的亮度属性完成图片的渐显和渐隐效果。

3．动作代码中引用的对象，需要先设置其实例名称。

4．如需要向电子相册中添加更多图片，只需要简单修改"相册展示"和"图片菜单"两个影片剪辑元件，在其动作代码中重复如下代码即可。

```
menu.pics.btn_1.addEventListener(MouseEvent.CLICK,moving1);
function moving1(event:MouseEvent):void {
        display.gotoAndPlay(2);
        };
```

7.3　任务 3——制作产品介绍电子杂志

制作 Flash 电子杂志时，通常需要将 Flash 软件和其他软件结合使用。本任务将使用 Flash 软件制作电子杂志的内页，然后使用电子杂志制作软件 ZineMaker 对其进行合成。杂志的翻页功能通过编写动作脚本实现。

7.3.1　实例效果预览

本节实例效果如图 7-3-1 所示。

图 7-3-1

7.3.2　技能应用分析

1．本实例的主要内容包括汽车新闻、行情、导购等栏目。

2．单击杂志中的"上一页"和"下一页"按钮或者按方向键，可以控制杂志的翻页。

3．单击"封面"或者"封底"，可以迅速跳转到封面页或封底页。

7.3.3　制作步骤解析

（1）创建一个空白 Flash 文档（ActionScript 2.0）。设置文档的大小为"950×650 像素"，帧频为"FPS：25"，背景为"黑色"，然后将其保存到指定的文件夹中。

（2）执行"文件"→"导入"→"导入到舞台"命令，打开"导入到舞台"对话框，选择包含图层信息的"汽车 .psd"文件，然后在"将图层转换为"下拉列表框中选择"Flash 图层"选项，并选中"将图层置于原始位置"复选框，如图 7-3-2 所示，然后单击"确定"按钮。

（3）为了方便制作动画，从"AUTO"图层开始，为该图层及以下的图层选中"为此图层创建影片剪辑"复选框，在"将此文本图层导入为"选项组选中"矢量轮廓"单选按钮，然后单击"确定"按钮，如图 7-3-3 所示。

图 7-3-2

（4）将"图层 1"、2011-12-15 和 Afternoon 图层的 3 张位图剪切到 AUTO 图层的 AUTO 影片剪辑内部，并与原来的位置重合，如图 7-3-4 所示。重新命名"图层 5"为"左车"，"图层 3"为"右车"，"图层 4"为"中车"，"5"为背景。这一步的操作是为了将该内页左上角的主题内容合并成一个影片剪辑来制作动画。表现一本杂志主题内容的动画制作风格可以一样。

图 7-3-3   图 7-3-4

（5）在主场景中新建一个 Music 图层，导入"汽车.mp3"，设置"同步"模式为"开始"。

（6）将"背景"图层延伸至第 137 帧。

（7）将 AUTO 图层的第 1 帧拖到第 4 帧，然后在第 12 帧处插入关键帧。将第 4 帧中的影片剪辑拖动到舞台外部，在第 4 ～ 12 帧之间创建传统补间动画，设置缓动值为 100，并延伸该图层至第 137 帧，如图 7-3-5 所示。

图 7-3-5

（8）在"左车"、"右车"和"中车"3 个图层的第 10 帧处分别插入关键帧，并把 3 个图层第 1 帧中的影片剪辑都略作缩小，沿着车轮的方向移动缩小的汽车，最后在 3 个图层的第 1 ～ 10 帧之间创建传统补间动画，并设置其缓动值分别为 70、60 和 80，如图 7-3-6 所示。移动"左车"图层的传统补间，使其位于第 15 ～ 24 帧，移动"右车"图层的传统补间，使其位于第 22 ～ 32 帧，移动"中车"图层的传统补间，使其位于第 6 ～ 15 帧，然后将 3 个图层分别延伸至第 137 帧。

（9）将 Test drive_Special year-end 图层的第 1 帧拖到第 13 帧，然后双击进入该图层

的影片剪辑内部，按 Ctrl+B 组合键将文字打散，单击鼠标右键，在弹出的快捷菜单中选择 "分散到图层" 命令，为每个文字建立一个图层，并按 F8 键分别将其转换为影片剪辑元件。按住 Shift 键，并选中所有图层的第 10 帧，插入关键帧。按住 Shift 键选中 "图层 2" ~ "图层 26" 的第 1 帧，使用任意变形工具把所有文字的大小都稍微拉长一点，然后在 "属性" 面板的 "色彩效果" 选项中把 Alpha 设置为 0%，并在 "图层 2" ~ "图层 26" 的第 1 ~ 10 帧之间创建传统补间动画。将 "图层 2" ~ "图层 25" 依次往右移动一帧，并全部延伸至第 34 帧，如图 7-3-7 所示。最后，在 "图层 1" 的第 34 帧处插入关键帧，添加动作脚本 "stop();"。

图 7-3-6

图 7-3-7

（10）将 "朗逸试驾送奥运纪念邮册" 图层的第 1 帧拖到第 56 帧，然后双击进入该图层的影片剪辑内部。新建一个 "图层 2"，复制 "图层 1" 的第 1 帧，粘贴到 "图层 2" 的第 1 帧，选中 "图层 2" 中的文字，按 F8 键将其转换为影片剪辑 "元件 26"。双击 "元件

26"进入其编辑窗口，按 Ctrl+B 组合键将所有文字打散，设置"颜色"面板如图 7-3-8 所示，渐变为黑色到白色透明，用颜料桶工具填充颜色，然后在第 5、12、28 帧分别插入关键帧。使用渐变变形工具对第 1、5、12 和 28 帧的填充效果进行设置，如图 7-3-9 所示，使第 1 帧中的黑色全部消失，第 5 帧和第 12 帧中的黑色部分显示（第 5 帧中的黑色多于第 12 帧），第 28 帧全部变成黑色。

图 7-3-8

第 1 帧

第 5 帧

第 12 帧

第 28 帧

图 7-3-9

（11）在第 1、5、12 和 28 帧之间分别创建补间形状动画。在"元件 26"内部新建一个"图层 2"，在第 28 帧处插入关键帧，添加动作脚本"stop();"。单击"朗逸试驾送奥运纪念邮册"影片剪辑，选中"图层 2"的第 1 帧，再选中舞台上的"元件 26"，在"属性"面板的"显示"选项中设置"混合"模式为 Alpha，如图 7-3-10 所示。

（12）回到"场景 1"中，选中"朗逸试驾送奥运纪念邮册"影片剪辑，在"属性"面板的"显示"选项中设置"混合"模式为"图层"，如图 7-3-11 所示。

（13）将"桑塔纳帕萨特年末特价"图层的第 1 帧拖到第 75 帧，然后双击进入该图层的影片剪辑内部，新建"图层 2"，复制"图层 1"的第 1 帧，粘贴到"图层 2"的第 1 帧，选中"图层 2"中的文字，按 F8 键将其转换为影片剪辑"元件 27"。双击"元件 27"进入其编辑窗口，按 Ctrl+B 组合键将所有文字打散，设置"颜色"面板如图 7-3-8 所示，用颜料桶工具填充颜色，然后在第 5、12、28 帧处分别插入关键帧，使用渐变变形工具对第 1、5、12、28 帧的填充效果进行设置，设置方法参见步骤（10）。

图 7-3-10　　　　　　　　　　　图 7-3-11

（14）将其他两个图层中的正文文字放在同一个图层上，按 F8 键将其转换为影片剪辑"元件 28"，并将第 1 帧拖到第 101 帧。双击进入"元件 28"的编辑窗口，新建一个"图层 2"，复制"图层 1"的第 1 帧，粘贴到"图层 2"的第 1 帧，然后选中"图层 2"中的文字，按 F8 键将其转换为影片剪辑"元件 29"。双击进入"元件 29"的编辑窗口，绘制一个矩形，使其大小刚好可以覆盖正文，删除原文字。设置"颜色"面板，如图 7-3-8 所示，用颜料桶工具填充颜色，然后在第 1 帧和第 35 帧处分别插入关键帧。使用渐变变形工具对第 1 帧、第 35 帧的填充效果进行设置，使第 1 帧为全透明，第 35 帧为全黑色，然后在第 1 ～ 35 帧之间创建补间形状动画。

（15）在"元件 29"内部新建一个"图层 2"，在第 35 帧处插入关键帧，添加动作脚本"stop();"。设置"元件 29"显示的混合模式为 Alpha，"元件 28"显示的混合模式为"图层"，如图 7-3-12 所示。

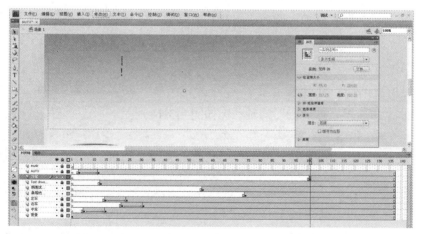

图 7-3-12

（16）将所有的图层延伸至第 137 帧。在"场景 1"中新建一个"AS"图层，在第 137 帧中插入关键帧，添加脚本"stop();"，测试影片。

（17）参照上述方法制作其他内页的动画效果。

（18）介绍目录动画的制作过程。创建一个空白 Flash 文档（ActionScript 2.0），设置文档的大小为 950×650 像素，帧频为 25fps，然后将其保存到指定的文件夹中，命名为 CONTENTS。

（19）执行"文件"→"导入"→"导入到舞台"命令，打开"导入"对话框，选择"汽车目录 .psd"文件，单击"确定"按钮，将所有图层以位图的方式导入。

（20）对图层中的内容按照动画的设计进行合并。将所有的背景内容进行合并，并重命名为"背景"图层。删除所有空图层，留下"目录"、"内容"和"背景"图层。

（21）单击"目录"图层的第 1 帧，选中该图层的所有元素，按 F8 键将其转换为"目录"影片剪辑，单击"目录"图层的第 10 帧，按 F6 键插入关键帧，选择第 1 帧中的影片剪辑，将其稍微向上移动，并在"属性"面板的"色彩效果"选项中设置"样式"为 Alpha，其值为 0%，在第 1 ～ 8 帧间创建传统补间，如图 7-3-13 所示。

图 7-3-13

（22）单击"内容"图层的第 1 帧，选中该图层的所有元素，按 F8 键将其转换为"目录文字"影片剪辑。单击"内容"图层的第 13 帧，按 F6 键插入关键帧。选择第 1 帧中的影片剪辑，将其稍微向上移动，并在"属性"面板的"色彩效果"选项中设置"样式"为 Alpha，其值为 0%。在第 1 ～ 13 帧之间创建传统补间动画。按 Shift 键选中第 1 ～ 13 帧，将其拖到第 10 ～ 22 帧。

（23）将所有的图层都延长至第 25 帧。新建图层"AS"，在第 25 帧处插入关键帧，添加动作脚本"stop();"。此时的时间轴状态如图 7-3-14 所示。

图 7-3-14

（24）在"目录"图层上方新建一个"按钮"图层，在该图层的第 22 帧处插入关键帧。使用矩形工具绘制一个矩形，设置轮廓线的颜色为"#999999"，填充的颜色为"#DDDDDD"，矩形的形状和大小如图 7-3-15 所示，长度刚好可以覆盖住目录中最长的标题文字。

（25）按 F8 键将该矩形条转换为按钮元件，命名为"按钮"。双击进入元件内部，选择"弹起"帧中的矩形，按 F8 键将其转换为图形元件，命名为"矩形条"；在"点击"帧中插入关键帧，删除"弹起"帧中的矩形条；导入音乐 sound2.mp3，在"指针经过"帧中加入该声音文件，并设置"同步"模式为"事件"。回到"场景 1"中，复制按钮元件若干次，使其覆盖住所有的标题文字，如图 7-3-16 所示。

图 7-3-15　　　　　　　　　　　　　　　图 7-3-16

（26）分别为每个按钮添加相应的动作脚本，具体的脚本代码可参考源文件。

（27）按 Ctrl+Enter 组合键测试目录的动画效果。

（28）利用杂志合成软件 ZineMaker 将前面制作的各 Flash 页面合成一个汽车杂志。ZineMaker 软件的主界面如图 7-3-17 所示。

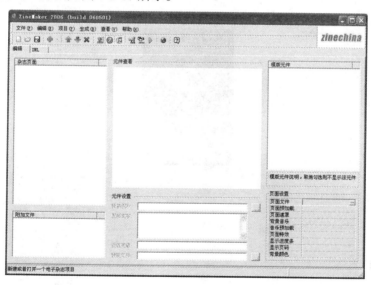

图 7-3-17

（29）ZineMaker 自带了 4 个模板，可以利用它们快速制作出电子杂志。这里使用本书配套光盘中所带的 950×650 大小的软皮风格杂志模板进行制作。首先，将模板文件"950-650 软皮风格杂志模板部落版 .tmf"复制到 ZineMaker 安装目录下的 template 文件夹中；然后启动 ZineMaker 软件，新建一个杂志，并选择前面导入的素材模板，如图 7-3-18 所示。最后单击"确定"按钮。

图 7-3-18

（30）添加模板页面，替换封面、封底和相关杂志信息。在右侧"模板元件"列表框中选择"封面图片"选项，然后单击"替换图片"文本框后面的 🔲 图标，选择前面制作好的封面文件，如图 7-3-19 所示。按照同样的方法，将"背景图片"和"封底图片"替换前面制作好的背景文件和封底文件。

图 7-3-19

"模板元件"列表框中包括很多参数。其中，zine_title 表示杂志的版本号；zine_date 表示杂志的制作日期；content_page 表示当前页的页码；default_volume 表示音乐的默认音量；url1 和 url2 表示杂志封面可以链接到的两个网址；form_title 表示标题样式；fullscreen 表示是否全屏打开；email、frontinfo.swf 和 button.swf 分别表示邮箱、首页和按钮的动画效果。这些参数都可以通过"设置变量"行进行修改。

（31）添加 Flash 页面，包括目录和内页。单击 按钮，选择"添加 Flash 内页"选项，打开添加 Flash 的对话框，在"杂志页面"列表框中选择 CONTENTS.swf 文件，单击"打开"按钮，即可将杂志目录添加到电子杂志中，如图 7-3-20 所示。

其他 Flash 页面的添加方法与此相同，添加的顺序为杂志目录中的顺序。所有页面添加完毕后的效果如图 7-3-21 所示。此时，如发现所添加页面有误，可以单击 按钮调整页面的顺序，也可以单击 按钮删除错误的内页。

图 7-3-20

图 7-3-21

（32）预览杂志。单击"杂志设置"按钮，打开"生成设置"对话框，如图 7-3-22 所示，在此可以修改所生成电子杂志的保存目录。选择"启动画面"选项卡，在"选择文件"下拉列表框中选择"无启动画面"选项，如图 7-3-23 所示，然后单击"确定"按钮。最后，单击"预览杂志"按钮，就可以查看电子杂志的整体效果。

图 7-3-22

图 7-3-23

（33）生成杂志。预览效果满意后，单击"生成杂志"按钮，打开"生成电子杂志"对话框，如图 7-3-24 所示。单击"打开文件夹"按钮，即可生成一个 magzine.exe 文件。至此，完成了电子杂志的全部制作。

图 7-3-24

7.3.4 知识点总结

（1）电子杂志制作软件 ZineMaker 不支持 ActionScript 2.0 以上的版本。

（2）使用 Flash 软件首先制作出电子杂志的封面、目录和内页，然后添加到ZineMaker 中完成电子杂志的制作。

（3）在制作过程中需要对模板元件中的相关信息进行修改，可参考步骤（29）中的相关内容。

（4）步骤（31）中在"启动画面"选项卡中选择"无启动画面"选项，可去掉电子杂志生成后的版权信息。

项 **8** 目

PROJECT

ActionScript 3.0 高级应用

ActionScript 3.0 是一种强大的面向对象的编程语言，与 ActionScript 2.0 相比，3.0 新版本具有如下优点：支持类型安全性，使代码维护变得更轻松；相对比较简单，容易编写；开发人员可以编写具有高性能的响应性代码。目前，ActionScript 3.0 已经成为 Flash 项目开发的主流脚本语言。本项目通过剪刀石头布小游戏、MP3 音乐播放器和视频播放器的制作详细介绍了 ActionScript 3.0 在项目开发中的应用。

8.1 任务 1——制作剪刀石头布小游戏

Flash 游戏是一种很常见的网络游戏形式，这是因为 Flash 游戏通常具有美观的动画和有趣的游戏内容，除此之外，还具有很强的交互能力。本任务通过制作一个简单的"剪刀石头布" Flash 游戏，使读者了解鼠标控制的互动游戏制作过程，并掌握常见的 ActionScript 代码应用和简单的游戏算法。

8.1.1 实例效果预览

本节实例效果如图 8-1-1 所示。

图 8-1-1

8.1.2　技能应用分析

1．设置舞台属性，布局游戏界面。

2．在元件属性窗口中新建类。

3．添加代码，在场景中随机显示图形。

4．添加代码，在动态文本框中显示游戏结果。

8.1.3　制作步骤解析

（1）新建一个 Flash 文件，在"属性"面板中设置舞台尺寸为"500×300 像素"，舞台颜色为"蓝色（##000099）"，帧频为"FPS：12"。

（2）将"图层 1"命名为"边框"。选择矩形工具，在"属性"面板中设置笔触颜色为"白色"，填充颜色为"无填充"，笔触高度为 3，"样式"为"点刻线"，然后在舞台上绘制一个矩形，并调整矩形的高度为 360，宽度为 260，坐标位置为"X：20，Y：20"，如图 8-1-2 所示。

图 8-1-2

（3）新建图层，命名为"按钮"。执行"文件"→"导入"→"导入到舞台"命令，将素材文件夹"剪刀石头布"里面的所有图片都导入到舞台上，然后将这 3 张图片等比例缩小到原来的 30%，按照剪刀、石头、布的顺序从左向右排列，并依次设置它们的坐标位置为"X：65，Y：190"、"X：165，Y：190"和"X：265，Y：190"，如图 8-1-3 所示。

图 8-1-3

（4）选中第一张图片，按 F8 键打开如图 8-1-4 所示的"元件属性"对话框。设置元件"名称"为 clipper，"类型"为"按钮"，并展开"高级"选项，选中"为 ActionScript 导出"复选框，此时下面的"在第 1 帧中导出"复选框也会被自动选中，保持"类"和其他设置不变，单击"确定"按钮。这时可能会出现一个对话框，单击"确定"按钮，使 Flash 为 MovieClip 新建一个 clipper 类。

（5）依照此方法，将另两张图片也转换为按钮元件 rock 和 cloth，并新建相应的 rock、cloth 类。然后依次选中这 3 个按钮元件，在"属性"面板中将它们的实例名称依次定义为 btn1、btn2 和 btn3，如图 8-1-5 所示。

（6）新建图层，命名为"圆形"。使用椭圆工具在舞台上绘制一个白色正圆形，设置圆形的宽度和高度都为 60，坐标位置为"X：70，Y：60"，如图 8-1-6 所示。接着按 F8 键将其转换为影片剪辑元件 mymc，如图 8-1-7 所示，并将其实例名称命名为 mc。

（7）新建图层，命名为"文本框"。使用文本工具在圆形的右侧绘制一个文本框，在"属性"面板中设置文本类型为"动态文本"，实例名称为 txt，宽度为 100，高度为 30，坐标位置为"X：200，Y：80"，字体为"黑体"，文字大小为"20 点"，文字颜色为"白色"，如图 8-1-8 所示。

图 8-1-4

图 8-1-5

（8）新建图层，命名为"统计"。使用文本工具在舞台右侧输入如图 8-1-9 所示的文字，设置字体类型为"静态文本"，字体为"黑体"，字体大小为"16 点"，颜色为"白色"，并调整位置使其对齐。

（9）在文字"第"和"局"之间绘制一个文本框，设置其实例名称为 total，字体类型为"动态文本"，如图 8-1-10 所示。接着在文字"电脑胜"和"次"之间、"玩家胜"和"次"之间也分别绘制一个动态文本框，将实例名称分别设置为 com 和 pla。

图 8-1-6　　　　　　　　　　　　　　　　图 8-1-7

图 8-1-8

（10）新建图层，命名为 actions。下面要为这个小游戏添加动作脚本，实现当用鼠标单击下面的按钮时，电脑可以在白色圆形的位置随机显示"剪刀、石头、布"中的一个，并在动态文本框 txt 中显示输赢结果，同时还要在舞台的右侧显示所玩游戏的局数及电脑和玩家各自胜出的次数。

图 8-1-9　　　　　　　　　　　　　　　　图 8-1-10

（11）首先定义一个函数，在指定位置上随机显示一个图形，即在第 1 帧的动作面板上输入如下代码。

```
var i:Number;                      // 定义数值变量 i
function creat() {                 // 定义函数，根据变量 i 的数值，随机显示图形
    i=Math.ceil(Math.random()*2+1); // 使用随机函数和取整函数随机产生一个数值
    if(i= =1){
        var newmc=new clipper();}// 变量值为 1 时，定义变量 newmc，保存 clipper 类的实例
    else if(i= =2){
        newmc=new rock();}         // 变量值为 2 时，变量 newmc 将保存 rock 类的实例
```

```
    else { newmc=new cloth();}        // 变量值为 3 时，变量 newmc 将保存 cloth 类的实例
    addChild(newmc);                  // 将变量 newmc 中的实例添加到场景中
    newmc.x = mc.x;
    newmc.y = mc.y;                   // 使添加的实例坐标位置与白色圆形一致
    newmc.scaleX = mc.scaleX;
    newmc.scaleY = mc.scaleY;         // 使添加的实例大小与白色圆形一致
    return(i);                        // 返回变量 i 的值
}
```

（12）为了统计游戏的总局数及用户电脑各自胜出的次数，需要再定义一个 jieguo() 函数，使相应的动态文本框中显示统计出的数值，即在已有代码的基础上添加如下代码。

```
var count:Number=0;               // 定义变量 count，用于统计游戏的局数
var cpla:Number=0;                // 定义变量 cpla，用于统计玩家胜出的次数
var ccom:Number=0;                // 定义变量 ccom，用于统计电脑胜出的次数
function jieguo(){
    total.text=String(count);     // 在 total 动态文本框中显示所统计的游戏局数
    pla.text=String(cpla);        // 在 pla 动态文本框中显示所统计的玩家胜出次数
    com.text=String(ccom);        // 在 com 动态文本框中显示所统计的电脑胜出次数
}
```

（13）将用户的选择（用户通过单击"剪刀"、"石头"和"布"3 个按钮中的一个进行选择，与电脑随机显示的图形进行对比，按照游戏规则判断出输赢，并将结果显示在动态文本框 txt 中；同时，用于统计游戏总局数及胜出者胜出次数的变量也要在原来的基础上增加 1 次，相应的代码如下。

```
btn1.addEventListener(MouseEvent.CLICK,goclipper); // 单击"剪刀"按钮，调用函数 goclipper()
btn2.addEventListener(MouseEvent.CLICK,gorock);    // 单击"石头"按钮，调用函数 gorock()
btn3.addEventListener(MouseEvent.CLICK,gocloth);   // 单击"布"按钮，调用函数 gocloth()
function goclipper(e:MouseEvent):void{             // 定义函数 goclipper()
    count++;                                       // 每单击一次鼠标，变量 count 就增加 1
    creat();                                       // 调用函数 creat()，在舞台上随机显示一个图形
    if(i= =1){                                     // 判断随机显示的图形是否为"剪刀"
        txt.text=" 平手 ";                          // 条件成立，在动态文本框 txt 中显示"平手"
    }
    if(i= =2){                                     // 判断随机显示的图形是否为"石头"
        txt.text=" 你输 ";                          // 条件成立，在动态文本框 txt 中显示"你输"
        ccom++;                                    // 电脑胜出，次数增加 1
    }
    if(i= =3){                                     // 判断随机显示的图形是否为"布"
        txt.text=" 你赢 ";                          // 条件成立，在动态文本框 txt 中显示"你赢"
        cpla++;                                    // 玩家胜出，次数增加 1
    }
    jieguo();}                                     // 调用函数 jieguo()，在舞台右侧显示统计结果
function gorock(e:MouseEvent):void{
    count++;
```

```
        creat();
        if(i= =1){
            txt.text="你赢";
            cpla++;
        }
        if(i= =2){
            txt.text="平手";
        }
        if(i= =3){
            txt.text="你输";
            ccom++;
        }
        jieguo();}
function gocloth(e:MouseEvent):void{
        count++;
        creat();
        if(i= =1){
            txt.text="你输";
            ccom++;}
        if(i= =2){
            txt.text="你赢";
            cpla++;
        }
        if(i= =3){
            txt.text="平手";
        }
        jieguo();}
```

（14）至此，"剪刀石头布"小游戏就制作完成了。测试完毕后将源文件保存。

8.1.4　知识点总结

本节实例制作的关键在于当用户单击鼠标时，计算机可随机显示一个图形，并与用户的选择进行对比，同时还要将结果显示在动态文本框中。

（1）要在 ActionScript 3.0 中产生一个随机数字，可以使用 Math 类的 random() 方法，语法如下：

```
Math.random ( );
```

该代码将返回 0 ~ 1 之间的随机数字，通常是多个小数。要控制 Math.random() 产生的范围，可以在最终的随机数字上执行相同的算法。例如，如果要产生 0 ~ 50 之间的随机数字，可以用 Math.random() 乘以 50，代码如下。

```
Math.random ( ) * 50;
```

（2）ActionScript 3.0 中有 3 个取整函数，分别是 Math.ceil ()、Math.floor () 和

Math.round ()。

- Math.ceil ( )：取得的整数值是比得到的数字大的那个整数值，即向上取整。
- Math.floor ( )：取得的整数值是比得到的数字小的那一个整数，即向下取整。
- Math.round ( )：四舍五入取整。

在本节实例的制作中，代码"Math.random()*2+1"产生 1 ～ 3 之间的随机数字，然后通过函数 Math.ceil ( ) 取整后就会产生 1、2、3 共 3 个整数数字。

（3）ActionScript 可以控制动态文本字段的多个属性，如本节实例中的"total.text=String(count);"代码，名称为 total 的文本字段，其 text 属性被设置成了等于变量 count 的当前值。ActionScript 中的文字属于字符类型 String，因为 count 变量被设置为数据类型 Number，所以需要通过 String() 函数将其转换为文本字符串，才能在文本字段中显示。

8.2　任务 2——制作 MP3 音乐播放器

声音是 Flash 动画吸引观众最有效的手段之一。通过 ActionScript 技术实现音频交互，能够让用户沉浸到一个互动的音响环境之中。本任务通过用 ActionScript 创建最基本的声音应用——一个简单的音乐播放器，使读者学习基本的声音控制技巧，掌握 ActionScript 中与声音相关的一些技术。

8.2.1　实例效果预览

本节实例效果如图 8-2-1 所示。

图 8-2-1

8.2.2 技能应用分析

1．设置舞台属性，导入需要的素材，制作出播放器的框架。

2．绘制动态文本框，显示歌曲名、歌手名、专辑名和相应的歌词等信息。

3．加载外部声音文件，并对声音音量和声道进行动态控制。

4．根据 LRC 歌词文件的内容，分离时间码和歌词的内容，实现歌词的同步显示效果。

8.2.3 制作步骤解析

子任务 1 播放器界面的设计

（1）新建一个 Flash 文件，在"属性"面板中设置舞台颜色为"深蓝色（#021C29）"，然后在时间轴上将"图层 1"重命名为"播放器"。执行"文件"→"导入"→"导入到库"命令，将素材文件夹"MP3 播放器"中的所有图片全部导入，然后从库中将图片"播放器 .png"拖入舞台，设置坐标位置为"X：0，Y：35"，如图 8-2-2 所示。

图 8-2-2

（2）新建图层，命名为"播放条"，从库中将图片"播放条 .jpg"拖入舞台，设置坐标位置为"X：170，Y：146"，然后按 F8 键将其转换为影片剪辑元件"播放条"，并定义其实例名称为 line_mc，如图 8-2-3 所示。

（3）新建图层，命名为"播放头"，从库中将图片"播放头 .png"拖入舞台，设置坐标位置为"X：170，Y：137"，然后按 F8 键将其转换为影片剪辑元件"播放头"，并定义其实例名称为 mark_mc，如图 8-2-4 所示。

图 8-2-3

图 8-2-4

（4）新建图层，命名为"控制按钮"。从库中将图片"播放 .png"、"暂停 .png"和"停止 .png"拖入舞台，等比例缩放到原来的 50% 之后，分别设置其坐标位置为"X：310，Y：79"、"X：337，Y：79"和"X：364，Y：79"，如图 8-2-5 所示。并将其转换为影片剪辑元件，定义实例名称分别为 play_btn、pause_btn 和 stop_btn。

（5）新建图层，命名为"歌曲名"。使用文本工具绘制一个文本框，并在"属性"面板中设置文本类型为"动态文本"，宽度为 125，高度为 30，坐标位置为"X：210，Y：110"；字体为"黑体"，字体大小为"20 点"，字体颜色为"红色"；并命名文本框的实例名称为 songTitle，如图 8-2-6 所示。

图 8-2-5   图 8-2-6

（6）按 Ctrl+F8 组合键新建影片剪辑元件"歌曲列表"，然后使用文本工具绘制一个文本框，并在"属性"面板中设置文本类型为"动态文本"，宽度为 95，高度为 20，坐标位置为"X：0，Y：0"；字体为"黑体"，字体大小为"16 点"，字体颜色为"白色"；并定义文本框的实例名称为 title，如图 8-2-7 所示。

（7）返回到"场景 1"编辑窗口，新建图层，命名为"歌曲列表"，从库中将元件"歌曲列表"拖入舞台，设置坐标位置为"X：165，Y：200"，并定义其实例名称为song1，如图 8-2-8 所示。

图 8-2-7   图 8-2-8

（8）在按住 Ctrl 键的同时拖动该影片剪辑，共复制出 5 份，分别放置在播放器中间的其他虚线上，效果如图 8-2-9 所示，并修改它们的实例名称，依次为 song2 ～ song6。

（9）新建图层，命名为"歌手"。在播放器左侧使用文本工具输入静态文本"歌手："，并设置其坐标位置为"X：94，Y：198"，字体为"黑体"，字体大小为"16 点"，字体颜色为"白色"，如图 8-2-10 所示。

（10）在文字"歌手"的下面绘制一个动态文本框，设置其坐标位置为"X：94，Y：223"，并定义其实例名称为 info1，如图 8-2-11 所示。

（11）依照此方法，在 info1 动态文本框下方继续输入静态文本"专辑："，其坐标位置为"X：94，Y：250"；再绘制一个动态文本框，其坐标位置为"X：94，Y：275"；定义其实例名称为 info2，如图 8-2-12 所示。

图 8-2-9

图 8-2-10

图 8-2-11

图 8-2-12

（12）新建图层，命名为"调控条"。在播放器左侧首先输入静态文本"音量："，坐标位置为"X：390，Y：205"；然后打开"组件"面板，在 User Interface 目录下选择 Slider 组件并将其拖入舞台，设置宽度为 60，高度为 2.5，坐标位置为"X：400，Y：235"，实例名称为 volSlide；在"属性"面板的"组件参数"选项组中选中 liveDragging 后的复选框，设置参数 maximum 为 1，minimum 为 0，snapInterval、tickInterval 均为 0.1，value 为 0.5，如图 8-2-13 所示。

（13）在 volSlide 组件的下方继续输入静态文本"声道："，坐标位置为"X：390，Y：250"；再次拖入 Slider 组件，设置宽度为 60，高度为 2.5，坐标位置为"X：400，Y：280"，实例名称为 panSlide；同样在"组件参数"选项组中选中 liveDragging 后的复选框，设置参数 maximum 为 1，minimum 为 -1，snapInterval、tickInterval 均为 0.1，value 为 0，如图 8-2-14 所示。

（14）新建图层，命名为"歌词"。在播放器上方绘制一个动态文本框，设置宽度为180，高度为16，坐标位置为"X：186，Y：152"，字体为"黑体"，字体大小为"12点"，字体颜色为"白色"；并定义其实例名称为 song，如图 8-2-15 所示。

图 8-2-13　　　　　　　　　　　　　　图 8-2-14

图 8-2-15

（15）至此，用于制作播放器的所有元素已准备完毕。要实现其播放功能，还需要继续添加相应的动作脚本。

子任务2　**声音的加载及控制**

（1）新建图层，命名为 actions，然后打开"动作"面板。

（2）创建变量来引用控制声音的 3 个类：Sound 类、SoundChannel 类和 SoundTransform 类。在"动作"面板中输入如下代码。

```
import fl.events.SliderEvent;   // 导入 SliderEvent 类
var snd:Sound;                  // 定义声音变量
var channel:SoundChannel;       // 定义声道变量
var trans:SoundTransform;       // 定义 SoundTransform 变量，用于控制音量、声音平移等属性
```

这 3 个变量没有初始值，但很快就会用于保存相应类的实例。

（3）还需要使用其他一些变量，用于记录当前选中的乐曲、当前的歌词、当前的声音位置、当前的音量和声道参数，所以接下来需要再声明 5 个变量。

```
var currSong:String;            // 保存一个字符串，内容为当前选中的乐曲名称
```

```
var currVol:Number = .5;        // 保存当前的音量数值, 初始值为 0.5
var currPan:Number = 0;         // 保存当前的声道值, 初始值为 0
var textLoad:String;            // 保存一个字符串, 内容为所选歌曲对应的歌词
var position:Number=0;          // 保存当前的声音位置, 初始值为 0
```

（4）使用一个数组来保存歌曲列表直接在数组中添加 6 首歌曲, 代码如下。

```
var songList:Array=new Array( " 天使的翅膀 .mp3 ","偏爱 .mp3","落花 .mp3 " , " 灯火阑珊处
.mp3","幸福恋人 .mp3","烟火 .mp3");
```

（5）为了在前面设置的影片剪辑 song1 ~ song6 上显示歌曲的名称, 要使用一个 for
循环来设置乐曲名称, 这是因为 6 个影片剪辑的实例名称只在末尾的数字上有变化, 而且
songList 数组中有相同数量的元素, 因此可以方便地使用一个 for 循环把数组中的乐曲名
称赋予影片剪辑内部的动态文本框。在已有代码之后, 添加如下 for 循环语句。

```
for (var i = 0; i < songList.length; i++) {        // 定义 for 循环, 循环次数由数组长度决定
    var str:String = songList[i] as String;        // 定义变量, 保存数组元素, 即歌曲名称
    str = str.replace( " .mp3 "," " );              // 使用 replace() 方法修改变量的值, 并将新值赋予变量
    var clip = this[" song " + (i + 1)].title;      // 定义变量, 保存影片剪辑的动态文本区域
    clip.text = str;                                // 在动态文本区域显示歌曲名称
}
```

（6）测试影片。如图 8-2-16 所示, 可以看到歌曲的名称显示在播放器的虚线上面。

图 8-2-16

（7）实现歌曲选择功能。首先为这 6 首歌曲创建 6 个事件侦听器, 当用户用鼠标单击
歌曲的名称时, 它们将调用同一个函数（chooseSong() 函数）, 该函数中使用一个条件语
句（switch）判断应该播放哪首歌曲。

如下代码添加了 6 个 addEventListener() 方法, 用于侦听影片剪辑中的单击事件。

```
song1.addEventListener(MouseEvent.CLICK, chooseSong);
song2.addEventListener(MouseEvent.CLICK, chooseSong);
song3.addEventListener(MouseEvent.CLICK, chooseSong);
song4.addEventListener(MouseEvent.CLICK, chooseSong);
song5.addEventListener(MouseEvent.CLICK, chooseSong);
song6.addEventListener(MouseEvent.CLICK, chooseSong);
```

（8）chooseSong() 函数可完成音乐播放器的大部分工作，如保存所选择的乐曲名称，创建 Sound 实例，创建相关的 SoundChannel 和 SoundTransform 实例并设置其属性，用于控制声音等。

用户所选择的歌曲名称将保存在前面创建的 currSong 变量中。在这里，要使用 switch 语句判断哪个乐曲被选中了，让 currSong 变量包含指向歌曲的路径。比如，当 songList 数组的第一首歌曲（songList[0]）被选中时，currSong 变量就应该被设置为：

" ../mp3/ " +songList[0] as String;

其中，字符串"../mp3/"代表保存歌曲的文件夹，前面两个句点和前斜线（../）说明 mp3 文件夹位于当前 Flash 文件的父文件夹中。

因此，在现有代码之后输入如下代码。

```
function chooseSong(e:MouseEvent):void {
    switch (e.currentTarget.name) "
        case " song1 " :
        currSong = " ../mp3/ " +songList[0] as String;        // 保存所选择的歌曲路径
        textLoad= " ../text/ 天使的翅膀 .txt " ;                // 保存所选择歌曲对应歌词的路径
        break;
        case " song2 " :
        currSong = " ../mp3/ " +songList[1] as String;
        textLoad= " ../text/ 偏爱 .txt " ;
        break;
        case " song3 " :
        currSong = " ../mp3/ " +songList[2] as String;
        textLoad= " ../text/ 落 "                ;
        break;
        case " song4 " :
        currSong = " ../mp3/ " +songList[3] as String;
        textLoad= " ../text/ 灯火阑珊处 .txt " ;
        break;
        case " song5 " :
        currSong = " ../mp3/ " +songList[4] as String;
        textLoad= " ../text/ 幸福恋人 .txt";
        break;
        case " song6 " :
        currSong = " ../mp3/ " +songList[5] as String;
        textLoad= " ../text/ 烟火 .txt";
        break;
    }
}
```

（9）用户选择歌曲后，chooseSong() 函数才会被调用，也就是说，它被调用的时机是不确定的；而且，多首歌曲不应产生交迭，也就是说，当一首歌曲正处于播放状态时，如果需要播放其他歌曲，就必须先停止它，然后才能播放新的歌曲。因此，需要使用一个 if 语句查看前面定义的声音 snd 变量是否包含一个值，如果是，就应该先停止播放，然后再创建新的 snd 实例。

在 switch 语句的结束花括号之后，chooseSong() 函数的结束花括号之前，添加如下代码。

```
if (snd != null) {            // 判断声音变量是否为空
    channel.stop();           // 停止当前声音
}
snd = new Sound();            // 开始播放新的声音
```

（10）现在，所选择的歌曲已经保存在 currSong 变量中，在上段代码之后、chooseSong() 函数的结束花括号之前添加如下代码，实现加载要播放的歌曲。

```
snd.load(new URLRequest(currSong));
```

（11）为了能够控制声音的停止、播放进度和音量，需要将 Sound 实例和 SoundChannel、SoundTransform 实例建立关联。下面就来创建这些实例。在刚才的代码之后、chooseSong() 函数的结束花括号之前输入如下代码。

```
channel = new SoundChannel;  // 新建一个 SoundChannel 实例，保存在变量 channel 中
trans = new SoundTransform(currVol,currPan);
// 新建 SoundTransform 实例，保存在变量 trans 中，包含两个参数中：一个是音量，一个是位置
channel = snd.play();            // 使用 play() 方法在 channel 中播放已经加载到 snd 实例的声音
channel.soundTransform = trans; // 将 channel 对象中播放的声音关联到新建的 trans 实例
```

以上代码会把 trans 实例中关于音量和位置的参数应用于 channel 对象，从而控制正在播放的声音。

（12）测试影片。单击任意一首歌曲，就可以听到相应的乐曲；尝试选择多首歌曲，会发现只能播放一首歌曲。

（13）利用变量 currVol 和 currPan 的值来控制滑块，达到调节音乐音量和左右声道的目的。在 Slider 组件中有一个内置的 CHANGE 事件，会在拖动滑块时触发。因此，在 chooseSong() 函数的结束花括号之后添加如下代码。

```
panSlide.addEventListener(SliderEvent.CHANGE, panChange);      // 当拖动滑块时触发事件
volSlide.addEventListener(SliderEvent.CHANGE, volumeChange);  // 当拖动滑块时触发事件
function volumeChange(e:SliderEvent):void {              // 定义函数 volumeChange()，调节音量
    currVol = e.target.value;           // e.target.value 代表滑块被移到的位置，赋予变量 currVol
    trans.volume = currVol;             // 将滑块的值赋予实例 trans 的 volume 属性
    channel.soundTransform = trans; // 将实例 trans 的值应用于 soundChannel 实例
}
function panChange(e:SliderEvent):void { // 定义函数 panChange()，调节声道
    currPan = e.target.value;           //e.target.value 代表滑块被移到的位置，赋予变量 currPan
    trans.pan = currPan;                // 将滑块的值赋予实例 trans 的 pan 属性
    channel.soundTransform = trans; // 将实例 trans 的值应用于 soundChannel 实例
}
```

（14）测试影片。选择一首歌曲，调整音量和声道滑块，音量可以从无声过渡到最大声，声音可以从左声道逐渐转移到右声道。

（15）ActionScript 能够从加载的 MP3 文件中读取和显示乐曲名称、演唱者姓名、专辑名称、发布日期等信息。这些信息存储在 MP3 文件的 ID3 标签中，要使该标签适用于 Flash 和 ActionScript 的正确格式，就需要利用一些音频软件查看和创建标签，并保存为正确的版本格式。其中，最流行的一款软件是苹果公司的 iTunes 软件。

双击素材文件夹中的 iTunes10.5.3Setup.exe 软件进行安装，安装完毕后运行软件，并在如图 8-2-17 所示的界面中执行"文件"→"将文件添加到资料库"命令，将 mp3 文件夹中的所有歌曲选中并打开。

图 8-2-17

选中全部歌曲，单击鼠标右键，在弹出的快捷菜单中选择"转换 ID3 标记"命令，如图 8-2-18 所示，打开"转换 ID3 标记"对话框，选中"ID3 标签版本"复选框，在其后的下拉列表框中选择"v2.4"选项，然后单击"确定"按钮，如图 8-2-19 所示。

图 8-2-18

图 8-2-19

（16）使用 ActionScript 读取和使用这些标签。首先需要利用 Sound 里的 ID3 事件调用 id3Handler() 函数，显示当前播放歌曲的相关信息。这个事件要添加在 chooseSong() 函数之内，因此在 chooseSong() 函数的结束花括号之前输入如下代码。

```
snd.addEventListener(Event.ID3, id3Handler);    // 触发 ID3 事件时，调用 id3Handler() 函数
```

（17）在全部代码之后，添加函数 id3Handler() 相应的代码。

```
function id3Handler(event:Event):void {          // 定义函数 id3Handler()
    var id3:ID3Info = snd.id3;                    // 定义变量 id3，保存加载的全部 ID3 数据
    if (id3.songName != null){                    // 判断当前歌曲的 ID3 数据中是否存在属性 songName
        songTitle.text = id3.songName;            // 在 songTitle 文本中显示歌曲名称
        info1.text=id3.artist;                    // 在 info1 文本中显示歌手姓名
        info2.text=id3.album;                     // 在 info2 文本中显示专辑名称
    }
}
```

（18）测试影片。随意选择一首歌曲，此时除了会在播放器上方显示歌曲名称外，还会在左侧的两个文本框中显示来自 ID3 标签的歌手、专辑等信息，如图 8-2-20 所示。

图 8-2-20

（19）现在已经实现了 MP3 播放器的部分功能，接下来还需要对播放进度进行控制并实现歌词的同步显示。对播放进度进行控制的事件需要添加在 chooseSong() 函数之内，因此在 chooseSong() 函数的结束花括号之前输入如下代码。

```
addEventListener(Event.ENTER_FRAME,enterHd);        // 歌曲开始播放，调用函数 enterHd()
play_btn.addEventListener(MouseEvent.CLICK,playHd); // 单击"播放"按钮，调用函数 playHd()
pause_btn.addEventListener(MouseEvent.CLICK,pauseHd);
                                                    // 单击"暂停"按钮，调用函数 pauseHd()
stop_btn.addEventListener(MouseEvent.CLICK,stopHd); // 单击"停止"按钮，调用函数 stopHd()
```

（20）在全部代码之后添加相应的函数，代码如下。

```
function playHd(event:MouseEvent){                   // 定义函数 playHd()
    play_btn.removeEventListener(MouseEvent.CLICK,playHd); // 避免歌曲重复播放
    channel=snd.play(position);                      // 从声音的当前位置开始播放
}
```

```
function pauseHd(event:MouseEvent){          // 定义函数 pauseHd()
    position=channel.position;                // 记录声音的播放位置
    channel.stop();                           // 使声音停止
    }
function stopHd(event:MouseEvent){           // 定义函数 stopHd()
    channel.stop();                           // 使声音停止
    channel=snd.play(0);                      // 使声音重新开始播放
    channel.stop();                           // 使声音停止
    position=0;                               // 使声音的位置为 0，即停止在起始位置
    }
function enterHd(event:Event){
    play_btn.removeEventListener(MouseEvent.CLICK,playHd);  // 避免歌曲重复播放
    var sjb= channel.position/snd.length;     // 将歌曲播放进度的百分比赋予变量 sjb
    mark_mc.x=sjb*line_mc.width+line_mc.x;    // 使播放头随着歌曲播放向前移动
    }
```

（21）测试影片。随意选择一首歌曲，使用播放器上方的"播放"、"暂停"和"停止"按钮控制歌曲的播放。

（22）实现歌词的同步显示效果。首先需要定义一个数组，用来保存歌词，所以将如下代码添加到前面定义的变量之间。

```
var LRCarray:Array=new Array();
```

（23）要想在选择歌曲时调用相应的歌词文件，就需要将加载歌词的事件放在 chooseSong() 函数之内，因此在 chooseSong() 函数的结束花括号之前输入如下代码。

```
var loader:URLLoader=new URLLoader();       // 创建 URLLoader 实例
loader.load(new URLRequest(textLoad));      // 使用 URLLoader 类的 load() 方法加载歌词文件
loader.addEventListener(Event.COMPLETE,LoadFinish); // 加载事件结束，触发事件
addEventListener(Event.ENTER_FRAME,showSong);  // 歌曲播放的同时显示相应歌词
```

（24）歌词同步效果，顾名思义，就是依据歌曲的播放进度显示相应的歌词。网络上常见的歌词文件是 LRC 格式，可以利用 String 字符串的相关操作对歌词进行时间码分析，并提取出对应的歌词，然后在歌曲播放期间实时显示对应时间的歌词。下面将这些操作的相关代码放入函数 LoadFinish() 中，代码如下。

```
function LoadFinish(event:Event) {          // 定义函数 LoadFinish()
    LRCarray = new Array();                   // 每调用一次函数就将数组清空，保存新的歌词
    var list:String=event.target.data;        // 将加载的歌词存入字符串变量 list
    var listarray:Array=list.split("\n");     // 利用 split() 方法按照换行标志分割歌词，存入 listarray
    var reg:RegExp=/\[[0-5][0-9]:[0-5][0-9].[0-9][0-9]\]/g; // 按照时间格式定义正则表达式
    for (var i=0; i<listarray.length; i++){   // 设置 for 循环，循环次数由数组 listarray 的长度决定
    var info:String=listarray[i];             // 定义变量 info，逐一保存每句歌词
    var len:int=info.match(reg).length;       // 依据正则表达式对歌词进行匹配，返回匹配长度
    var timeAry:Array=info.match(reg);        // 对歌词进行匹配，并将匹配结果存入数组 timeAry
    var lyric:String=info.substr(len*10);     // 利用 substr() 方法依据匹配长度截取歌词，存入变量 lyric
```

```
for (var k =0; k<timeAry.length; k++) {// 设置 for 循环，循环次数由数组 timeAry 长度决定
    var obj:Object=new Object();        // 创建 Object 实例
    var ctime:String=timeAry[k];        // 将 timeAry 数组元素赋予变量 ctime
    var ntime:Number=Number(ctime.substr(1,2))*60+Number(ctime.substr(4,5));// 字符串转数值
    obj.timer=ntime*1000;               // 将时间由秒转换为毫秒，赋予 Object 实例的 timer 属性
    obj.lyric=lyric;                    // 将分离出的歌词存入 Object 实例的 lyric 属性
    LRCarray.push(obj);}}               // 将 Object 实例压入数组 LRCarray
}
```

这段代码的关键之处是将 LRC 歌词文件中的时间码与歌词分离，因此首先要将整个歌词文件按照换行标志进行分割，并将单行的歌词文件存入数组 listarray 中；然后根据所设定的正则表达式在数组元素中查找符合条件的时间码，并将时间码由字符串转换为数值类型，以毫秒为单位进行保存；同时还要在每行的歌词文件中截取出相应的歌词，以便于在后面进行显示。

（25）将分离出的歌词显示在动态文本框 song 中。在已有代码之后输入如下代码。

```
function showSong(e:Event):void{                // 定义函数，显示歌词
    for (var j=1; j<LRCarray.length; j++) {      // 设置循环，循环次数由数组 LRCarray 决定
        if (channel.position<LRCarray[j].timer) {    // 判断声音是否到达时间码的位置
            song.text=LRCarray[j-1].lyric;          // 在动态文本框 song 中显示歌词
            break;
        }
        song.text=LRCarray[LRCarray.length-1].lyric; // 显示最后一句歌词
    }
}
```

（26）至此，整个 MP3 音乐播放器就制作完毕。测试影片，随意选择一首歌曲进行播放，播放器上方歌曲名称下可以实时显示相应的歌词，如图 8-2-21 所示。如果在歌词显示中出现乱码，可以在"动作"面板中添加如下代码，使中文能够正常显示。

```
System.useCodePage=true;
```

图 8-2-21

（27）测试无误后，保存源文件。

8.2.4 知识点总结

MP3 音乐播放器的制作使用到了 ActionScript 的多项技术，下面逐一进行介绍。

1．switch 语句

switch 语句具有与 if 语句相同的功能，但在检测多个条件时使用 switch 语句会更加方便，其语法结构如下。

```
switch (表达式)
{ case 条件 1:
  命令 1;
        break;
  case 条件 2:
        命令 2;
        break;
  case 条件 3:
        命令 3;
  break;
  .....
  default:
        命令 N;
        break;
}
```

＊ 注意，在 switch 语句中，每个条件之后都有一个 break 语句，以确保只有与具体条件相关的语句才会被执行。

在本实例的制作中，采用 switch 语句来判断用户选择的是哪首歌曲，并将所选歌曲的路径赋予变量 currSong，将相应的歌词路径赋予变量 textLoad。

2．对外部声音的加载，使用到了 Sound 类的 load() 方法。

```
snd = new Sound();
snd.load(new URLRequest(currSong));
```

上述代码中，第一行创建了一个 Sound 实例，第二行首先使用 URLRequest() 方法发出外部文件加载请求，当它接收到变量 currSong 传递的值之后，实例 snd 就可以使用 load() 方法接收这个 URLRequest 对象作为其参数，从而使这个 Sound 实例开始自动加载所指定的声音。

3．在声音加载之后，要对音量和声道进行动态的控制，此时需要使用到 Sound 类、SoundChannel 类和 SoundTransform 类。只有这 3 个类配合使用，才能达到控制声音的目的。

Sound 类用于在应用程序中使用声音。该类可以创建 Sound 对象，将外部的 mp3 文件加载到该对象，并实现播放、关闭功能。除此以外，还可以访问其他与声音有关的数据，如获取 mp3 文件中的 ID3 标签信息等。

SoundChannel 类用于控制 Flash 项目中的声音。当声音在 Flash 中播放时，会自动分配一个声道。当需要播放、停止和平移声道时，就需要用到 SoundTransform 类。

SoundTransform 类包含音量（volume）和声道（pan）两个属性。音量的取值范围是 0（静音）～ 1（声音的原始最大值）。超过 1 表示把声音扩大至相应的倍数，如 100 表示把原始声音扩大 100 倍（不建议使用）。声道位置的取值范围是 -1（左声道）～ 1（右声道），其中 0 表示立体声。

如下代码详细描述了这 3 个类的相互配合过程。

```
var snd:Sound = new Sound();                        // 创建 Sound 对象
snd.load(new URLRequest(currSong));                 // 在 Sound 对象中加载外部声音文件
var channel: SoundChannel= new SoundChannel() ;     // 创建 SoundChannel 对象
var trans:SoundTransform = new SoundTransform(currVol,currPan);
// 创建 SoundTransform 对象，存储当前音量和声道值
channel = snd.play();                               // 开始播放声音
channel.soundTransform=trans;
// 更改 SoundChannel 类实例的 SoundTransform 属性，来改变声音的大小和声道位置
```

4．在歌词同步显示功能的制作中，应用到了 split() 分割函数、RegExp 正则表达式、match() 搜索函数和 substr() 截取函数，从歌词文件中分离出时间码和歌词内容。

split() 分割函数可使用特定的分隔字符将字符串分割成字符串数组。其语法结构如下。

字符串对象 .split(分隔字符 , 数量);

例如，下述代码的 array 数组中存放了 3 个元素，分别是 event:Login、email:xqxm@126.com 和 password:123。

```
var str:String =  "event:Login,email:xqxm@126.com,password:123 ";
var array:Array = str.split( "," );
```

RegExp 正则表达式用于设定一个条件，一般与 match() 搜索函数配合使用。其语法结构如下。

var 正则对象 :RegExp = / 匹配模式 / 标志位 ;

其中，匹配模式就是正则表达式，可以包括普通文字和符号（A ～ Z、a ～ z、0 ～ 9 以及不是元字符的其他符号，其中 "/" 就是元字符之一）；标志位包括 g、i、m、s、x 等 5 个字母，其中，g 表示全局匹配，即尽可能匹配全部结果。例如：

var reg:RegExp=/\[[0-5][0-9]:[0-5][0-9].[0-9][0-9]\]/g;

match() 搜索函数根据设定的匹配条件在字符串中进行搜索，并返回匹配结果。其语法结构如下。

变量 = 字符串 . match(正则表达式);

例如，下述代码中依据前面设定的匹配条件，返回值为歌词前面的时间码 "[00:15.06]"。

```
var info:String= "[00:15.06] 落叶随风将要去何方 ";
var timeAry:Array=info.match(reg);
```

substr() 截取函数按照指定的数量，由起始位置开始获取子字符串。如果未指定截取长度（字符数量），则截取起始位置之后的全部字符。其语法结构如下。

字符对象 .substr(起点位置 , 截取长度);

例如，下述代码在字符串 info 中截取第 10 个字符之后的全部字符，返回结果为"落叶随风将要去何方"。

```
var info:String= "[00:15.06] 落叶随风将要去何方";
var lyric:String=info.substr(10);
```

8.3 任务 3——制作视频播放器

最近几年来，Flash 视频逐渐成为了 Web 的主流视频格式。Adobe Flash CS4 以上的版本都提供了创建 Flash 视频文件并将其集成到 Flash 项目中的功能，也就是说，用户可以在 Flash 文件中添加视频，且不用编写任何 ActionScript 就能够控制视频的播放。但是，将 ActionScript 与 Flash 视频功能相结合能够制作出更具创造性的视频作品，而这点是单用 Flash 视频功能所无法比拟的。本任务将介绍一些关于 ActionScript 视频处理组件的技术。

8.3.1 实例效果预览

本节实例效果如图 8-3-1 所示。

图 8-3-1

8.3.2　技能应用分析

1．利用 ActionScript 设置 FLVPlayback 组件的属性。

2．使用 ColorPicker 组件设置视频皮肤的背景颜色。

3．使用 Slider 组件调整视频皮肤的透明度。

4．创建 ActionScript 对视频文件播放结束做出响应。

5．创建 ActionScript 处理 XML 视频播放列表。

8.3.3　制作步骤解析

子任务 1　视频的加载与控制

（1）新建一个 Flash 文件，在"属性"面板中设置舞台颜色为"深绿色（#302D00）"。在时间轴上将"图层 1"重命名为"播放器"，然后打开"组件"面板，在 video 目录下找到 FLVPlayback 组件并将其拖入舞台，设置宽度为 400，高度为 250，坐标位置为"X：16，Y：80"，如图 8-3-2 所示。

图 8-3-2

（2）在"属性"面板中将该组件的实例名称设置为 vidPlayer，并展开"组件参数"选项组，如图 8-3-3 所示。在 scaleMode 下拉列表框中选择 exactFit 选项，使视频尺寸符合窗口大小；单击 source 属性右侧的空白处，将弹出"内容路径"对话框，单击右侧的文件夹图标，并在"浏览源文件"对话框中选择素材文件 video1.f4v，如图 8-3-4 所示，然后单击"确定"按钮。注意，在"内容路径"对话框中应取消选中"匹配源尺寸"复选框。

图 8-3-3   图 8-3-4

（3）测试影片，被选中的视频会在 FLVPlayback 组件中播放，如图 8-3-5 所示。

（4）在"组件参数"选项组中单击 skin 属性右侧的字段，打开如图 8-3-6 所示的"选择外观"对话框，在"外观"下拉列表框中选择 SkinUnderAll.swf 文件，然后单击"确定"按钮。

图 8-3-5   图 8-3-6

（5）设置视频皮肤的颜色和透明度。在"组件参数"选项组中单击 skinBackgroundcolor 属性右侧的调色板，选择要作为视频皮肤的颜色，如图 8-3-7 所示。

图 8-3-7

（6）在 skinBackgroundAlpha 属性的右侧输入一个 0～1 之间的数值，以设置背景颜色的透明度。一般来说，设置为 0.7～1 之间比较合适。如果设置为 0，则表示所选的背景颜色是不可见的。

（7）测试影片，视频会再次播放，但具有了之前所选择的皮肤、颜色和透明度。

（8）使用 ActionScript 来控制 FLVPlayback 属性，使用户可以在视频播放过程中随时调整播放器的皮肤颜色和透明度。

（9）新建图层，命名为"透明度"。使用文本工具在舞台上输入文字"调整透明度："，设置字体类型为"静态文本"，字体为"黑体"，字体大小为"16点"，颜色为"白色"，坐标位置为"X：430，Y：100"。

（10）在"组件"面板中选择 User Interface 目录下的 Slider 组件，将其拖入舞台中，设置坐标位置为"X：450，Y：140"，并定义其实例名称为 alphaSlide，如图 8-3-8 所示。

（11）在"属性"面板的"组件参数"选项组中设置参数 maximum 为 1，minimum 为 0，snapinTerval 和 tickTerval 均为 0.1，value 为 1，如图 8-3-9 所示。

图 8-3-8　　　　　　　　　　　图 8-3-9

（12）为视频播放器添加 ActionScript 代码，使滑块发挥作用。新建图层，命名为 actions，打开"动作"面板，输入如下代码。

```
import fl.events.SliderEvent;                          // 导入 SliderEvent 类，使 Slider 组件可用
alphaSlide.addEventListener(SliderEvent.CHANGE, alphaChange);// 触发 CHANGE 事件
function alphaChange(e:SliderEvent):void {        // 创建 alphaChange() 函数
    vidPlayer.skinBackgroundAlpha = e.target.value;    // 将滑块的值赋予组件的透明度属性
}
```

（13）测试影片。如图 8-3-10 所示，在影片播放过程中，用户可以拖动滑块以调整背景的颜色，释放鼠标后播放器皮肤背景的颜色将会相应地变淡或变深。

（14）利用 ColorPicker 组件实现选择视频空间颜色的效果。在"透明度"图层和 actions 图层之间新建一个图层，命名为"颜色"，然后使用文本工具在舞台上输入文字"调整颜色："，设置字体类型为"静态文本"，字体为"黑体"，字体大小为"16 点"，颜色为"白色"，坐标位置为"X：430，Y：180"。

（15）在"组件"面板中选择 User Interface 目录下的 ColorPicker 组件，将其拖入舞台，设置坐标位置为"X：480，Y：220"，并定义其实例名称为 colorChoose，如图 8-3-11 所示。

（16）测试影片，可发现单击颜色拾取器时会有反应，但这是组件本身的行为，选择的颜色并没有被应用到视频播放器中。下面就来使用 ActionScript 实现相应的功能。

图 8-3-10

图 8-3-11

（17）选中 actions 图层的第 1 帧，打开"动作"面板，在代码"import fl.events. SliderEvent;"之后添加如下代码。

```
import fl.controls.ColorPicker;                        // 导入 ColorPicker 类，使组件可用
import fl.events.ColorPickerEvent;                     // 导入 ColorPickerEvent 事件
```

接着在全部代码之后添加如下代码。

```
colorChoose.addEventListener(ColorPickerEvent.CHANGE, changeHandler);
function changeHandler(e:ColorPickerEvent):void {        // 创建 changeHandler() 函数
    var cp:ColorPicker = e.currentTarget as ColorPicker; // 将所选颜色赋予实例 cp
    vidPlayer.skinBackgroundColor = Number("0x" + cp.hexValue);
// 将所选颜色转换为十六进制形式，与 0x 组合后以数值型赋予播放器的 skinBackgroundColor 属性
}
```

上述代码中，用到了强制数据类型转换的两种主要方式。

第一种方式：

```
var cp:ColorPicker = e.currentTarget as ColorPicker;
```

其中，e.currentTarget 是触发 changeHandler() 函数的对象，它被明确地标识为 ColorPicker 数据类型。在这行代码中，ActionScript 关键字 as 表示其前面的项将被转换为特定数据类型，本实例中被转换为 ColorPicker 数据类型。

第二种方式：

```
vidPlayer.skinBackgroundColor= Number( "0x" + cp.hexValue);
```

skinBackgroundColor 的值由字符 "0x"（表示十六进制）与所选颜色的十六进制数值组成，其组合结果被强制转换为 Number。

（18）测试影片，可发现当从颜色拾取器中选择一种新颜色后，该颜色会被设置为视频控件的背景颜色，如图 8-3-12 所示。此时，用户在影片播放过程中，可以随意地利用 ColorPicker 来改变播放器的背景颜色，用滑块来改变播放器皮肤透明度。

子任务 2　处理 XML 视频播放列表

（1）经过以上步骤制作的视频播放器只能播放一个视频文件，下面要利用 XML 文件制作一个视频播放列表，载入一系列的视频文件，然后创建一个事件侦听器，实现在当前视频播放完毕后自动播放下一个视频文件的功能。

（2）执行"文件"→"打开"命令，找到文件 vidlist.xml 并打开，首先来查看 vidlist.xml 中的代码，这些代码将用于制作视频播放列表，如图 8-3-13 所示。

图 8-3-12

图 8-3-13

（3）关于 xml 文件的结构和语法会在后面详细介绍，现在先来分析一下该文件中的代码。在根标签 vidlist 之内只有主元素 vid，每个 vid 元素包含两个子元素，其中，file 元素包含视频文件的名称，name 元素包含将要显示在 Flash 中的文本。

（4）使用 ActionScript 载入该 xml 文件。返回 FLV 视频播放器制作窗口，在 actions 图层的下面新建一个图层，命名为"标题"，然后使用文本工具在舞台上绘制一个文本框，设置文本类型为"动态文本"，字体为"黑体"，字体大小为"20 点"，颜色为"白色"，坐标位置为"X：100，Y：30"，并定义其实例名称为 title_txt，如图 8-3-14 所示。

图 8-3-14

（5）打开"动作"面板，在代码"import fl.events.ColorPickerEvent;"之后输入如下代码。

```
import fl.video.FLVPlayback;        // 导入 FLVPlayback 类，使组件可用
import fl.video.VideoEvent;         // 导入 VideoEvent 类，使控制事件可用
```

（6）在这两行代码之下创建一个名为 vidList_XML 的变量，用于保存 XML 对象，代码如下。

```
var vidList_XML:XML;
```

（7）创建一个逻辑变量，用于判断 vidlist.xml 文件中的每个 vid 元素是否都被访问过，即所有视频是否都被加载并播放过。继续输入如下代码。

```
var loopAtEnd:Boolean = true;
```

（8）因为要追踪播放列表中下一个要播放的视频是哪一个，因此需要创建一个名为 count 的变量，代码如下。

```
var count:int = 0;
```

count 的初始值是 0，用于选择 vidlist.xml 数据中的视频。

（9）创建一个变量来保存 URLLoader 实例，代码如下。

```
var xmlLoader:URLLoader = new URLLoader();
```

（10）现在可以利用 URLLoader 实例中的 load() 方法载入 vidlist.xml 文件，代码如下。

```
xmlLoader.load(new URLRequest( "vidlist.xml" ));
```

（11）为了确保数据被成功加载，需要侦听 URLLoader 类的 COMPLETE 事件（确保

文件 vidlist.xml 中的数据被成功载入之后再使用它们）。因此需要在刚刚添加的代码之下为 COMPLETE 事件添加一个 addEventListener() 方法，代码如下。

```
xmlLoader.addEventListener(Event.COMPLETE, xmlLoaded);
```

（12）当成功载入 vidlist.xml 文件之后，就要调用函数 xmlLoaded()。在侦听器代码之后插入 xmlLoaded() 函数，代码如下。

```
function xmlLoaded(event:Event):void {
    vidList_XML = new XML(xmlLoader.data);
    vidPlayer.source = vidList_XML.vid[count].file;
    title_txt.text =vidList_XML.vid[count].name;
    vidPlayer.addEventListener(VideoEvent.COMPLETE, changeVid);
}
```

该函数首先把载入的 XML 数据保存到前面创建的 XML 对象中，然后将 XML 对象中的第一个数据（即第一段视频）赋予 vidPlayer 实例的 source 属性，并在 title_txt 文本框中显示相应的文字；接下来它通过一个事件侦听器，在 vidPlayer 实例结束视频播放时做出响应，响应的事件是 FLVPlayback 类的 COMPLETE 事件。

（13）添加 changeVid() 函数框架，它将在每个视频文件播放结束时被触发。

```
function changeVid(e:VideoEvent):void {
}
```

每个 vidPlayer 实例触发 COMPLETE 事件时，都会调用 changeVid() 函数，其功能是把 count 变量加 1，从载入的播放列表中确定下一个要播放的视频，将其设置为 vidPlayer 的源文件，实现函数每次被调用时选择不同的视频。

（14）为了能够在函数每次被调用时播放新的视频，可以把 count 变量的值加 1。先在 changeVid() 函数中添加如下代码。

```
count++;
```

（15）利用 count 判断 vidlist.xml 数据中的所有元素是否都被访问过了，即判断变量 count 的值是否等于数组 vidList_XML 的长度。因此需在刚才的代码之后添加如下代码。

```
if( count= =vidList_XML.vid.length() ){
    if( loopAtEnd ){
        count= 0;
    }else{
        return;
    }
}
```

如果数组 vidList_XML 中的所有元素都被访问过，即表示所有视频都被加载并播放过。上述代码中，当逻辑变量 loopAtEnd 的值为 true 时，将重置变量 count 的值为 0，即继续从第一个视频开始加载并播放，从而实现视频的循环加载和播放。

（16）利用 loopAtEnd 变量设置 vidPlayer 实例的 source 属性。在刚刚输入的代码之下添加如下代码。

```
vidPlayer.source =vidList_XML.vid[count].file;
```

（17）使用当前 vid 元素（vid[count]）的 name 信息设置场景中 title_txt 文本区域中的内容。继续添加如下代码。

```
title_txt.text = vidList_XML.vid[count].name;
```

（18）如果要在 vidPlayer 每次播放新视频时都改变背景颜色，可继续添加如下代码。

```
vidPlayer.skinBackgroundColor = Math.random() * 0xFFFFFF;
```

在 ActionScript 3.0 中，Math.random() 函数可返回 0 ～ 1 之间的随机数字，如果需要产生全部十六进制颜色范围内的随机数值，可以使用如下代码。

```
Math.random() * 0xFFFFFF;
```

（19）测试影片。如图 8-3-15 所示，当第一个视频播放结束之后，vidlist 数据中的下一个视频将自动开始播放，title_txt 文本区域会在新视频加载时发生相应的改变。如果播放器持续运行，它将会播放 vidlist.xml 文件中的全部视频文件。而且，在每个新视频加载之后，皮肤的背景颜色也会发生改变。

图 8-3-15

（20）完成以上功能的制作后还需要添加一个功能，即单击播放器右侧的第二个按钮，可以切换到全屏播放模式。执行"文件"→"发布设置"命令，在"发布设置"对话框的"格式"选项卡中，选中"Flash"和"HTML"复选框，如图 8-3-16 所示。

（21）选择"HTML"选项卡，如图 8-3-17 所示，在"模板"下拉列表框中选择"仅 Flash- 允许全屏"选项，然后单击"确定"按钮。接着选择"文件"→"发布预览"→"默认（HTML）"命令，在默认浏览器中测试该实例，此时单击"全屏切换"按钮，视频文件将会全屏播放，按 Esc 键又可以返回普通的播放模式。

图 8-3-16　　　　　　　　　　　　　　　　图 8-3-17

8.3.4　知识点总结

本节实例的制作用到了 XML 语言。使用 XML 文件获取数据，能够轻松地添加或修改数据列表，而不必重新创建或打开现有的 Flash 文件。

XML 是一种非常简单、易用的标记语言，已经成为组织数据的标准。它是一种基于标签的语言，用户可以根据需要定义自己的标签来描述 XML 文件中保存的数据。

XML 文件实际上就是以 ".XML" 作为名称后缀的文本文件，它能够在任何支持文本文件的程序中被创建和编辑。

比如本实例中的 vidlist.xml 文件，虽然文件的结构比较简单，但包含了 XML 文件中常见的基本格式。在如图 8-3-13 所示的文件中，第一行包含一个声明标签，告诉解析器关于 XML 的版本和文件使用的编码类型：

```
<?xml version= " 1.0 " encoding= " utf-8 " ?>
```

第一个 <vidlist> 标签下面的两行是注释，其作用与 ActionScript 中的注释一样，目的是给自己和他人一个提示。XML 文件中的注释是包含在字符 "<--" 和 "-->" 之间的，比如：

```
<!-- All vids ® copyrght Passion Records -->
<!-- www.passionrecords.com -->
```

在默认情况下，ActionScript 会忽略 XML 的注释。

这些初始化代码之后是 songlist.xml 文档的主体，由标签化的数据组成。ActionScript 使用的 XML 文档必须具有单一的一对根标签，任务 3 中这对标签的名称是 "vidlist"。在 XML 中，起始标签包含在一对尖括号之间（比如 <vidlist>），而结束标签在左尖括号之后多了一个前斜线（比如 </vidlist>）。XML 中全部起始标签都必须有一个与之对应的结束标签。在 XML 中标签也被称为 "元素"。

XML 文档的其他全部元素都包含在根标签的起始与结束标签之间，在 XML 文件中，可以根据需要为标签命名，这正是 XML 的灵活实用之处。

XML 以父标签和子标签的形式构成层次。

在 vidlist.xml 中，<vidlist> 标签是 7 组 <vid> 标签（元素）的父标签；每个 vid 元素具有两个子元素，分别命名为 file 和 name，如图 8-3-17 所示。

```
<vid>
    <file>video/video1.f4v</file>
    <name>加拿大搞笑视频--散架的购物车</name>
</vid>
```

图 8-3-17

XML 文件子元素的嵌套层次是没有限制的，本实例中只包含了一些 vid 元素，分别具有一些子元素，不断重复这种结构，就可以添加任意多的 vid 元素。

在 ActionScript 中，可以利用像其他 ActionScript 路径一样的句点语法来访问 XML 数据。保存数据的 XML 实例位于 XML 文件的根元素，而 XML 文件的子元素能够利用句点语法来访问。例如，访问 vid 元素可以使用如下语法。

vidList_XML.vid

通过这样的语法可以访问文件中的全部 vid 元素，当 XML 数据中有重复元素时，ActionScript 3.0 会自动把它们保存到 XMLList 中。XMLList 的使用方式类似于数组，例如，如果要访问 vidList_XML 数据中第一个 vid 元素，可以使用如下代码。

vidList_XML.vid[0]

如果想获得第三个 vid 元素中 file 标签的值，可以将代码写成如下形式。

vidList_XML.vid[2].name

这样一来，访问 XML 数据的方式就与访问其他数据很相似，vidList_XML.vid.length() 表示 vidList_XML 数据中 vid 元素的长度（即个数），与数组长度的表示方式类似。

在学习了任务 3 之后，可以尝试将任务 2（MP3 音乐播放器）中的数组更改为 XML 文件，使用 XML 文件来存储歌曲列表，并实现多首歌曲的连续播放效果。

技能综合实训

本部分的内容以项目实战为主要训练方式，建议根据项目任务的难易程度选择独立完成或分工合作共同完成。以学生为主体，教师指导，重在培养学生独立工作能力、团队管理能力，掌握工作的策略。每个项目任务都分为项目背景—设计提示—考核标准—项目效果4个部分，便于学生针对自身完成任务的效果做出合理的评价。

9.1 任务1——餐饮广告制作

9.1.1 项目背景

本项目是为一家餐饮公司设计的网络广告动画，该公司要求使用产品的实物照片来吸引观众，广告的动画效果要凸显时尚与温馨的现代元素，也要能够将特色餐饮产品完美地展示出来。

经过对客户提供照片的对比和挑选，确定以该公司的3种特色产品：铜火锅、手工水饺、麻辣鱼制作动画效果，并通过添加飘渺的烟雾营造"香飘四溢"的观感，通过添加文字动画宣传该公司的经验理念。

9.1.2 设计提示

1．舞台设置为980×489像素大小。

2．应用动作补间动画制作产品的淡入淡出效果，注意调节产品图片移动的节奏。

3．绘制不同形状的烟雾，注意透明度的设置，并通过添加代码控制烟雾的随机显示和坐标位置，制作时也可以根据代码的掌握程度适当简化。

4．应用遮罩动画制作线条向右飘动的效果，注意线条粗细形态的绘制。

5．应用逐帧动画和动作补间动画制作文字逐字变化效果，注意文字大小和排版效果。

9.1.3　考核标准

序　号	考核选项	考核标准	分　值
1	项目设计思路	能明确制作目标和步骤	10 分
2	产品图片动画效果	实现图片淡入淡出效果，节奏协调	10 分
3	烟雾飘渺效果	烟雾缭绕的动画效果真实、自然，代码应用恰当	30 分
4	线条移动效果	线条绘制美观，遮罩技术应用熟练	10 分
5	文字动画效果	能体现文字动画的多样性，排版布局美观合理	20 分
6	整体动画效果	场景页面视觉美观，动画流畅	10 分
7	创新性	能主动思考、发挥创意	10 分
	总分		100 分

9.1.4　项目效果

9.2　任务 2——网站引导动画

9.2.1　项目背景

　　本项目设计的是成都文旅平乐古镇开发有限公司网站的引导动画。作为中国历史文化名镇之一的平乐古镇，老榕树、白沫江、沿江而建的吊脚、青石铺成的街道、一望无涯的竹海千百年来共同培育了古镇人田园诗般的山水情怀，涵养着古镇天然清新的乡土文化。

　　该引导动画设计中以丰富的卡通形象表现平乐古镇的碧水、鸥鸟、古街、古寺、古桥、古树、古坊、古道、古歌等代表性元素，传达出都市以外久违的那份古韵和恬静情怀。

9.2.2 设计提示

1．设置舞台尺寸为 1003×500 像素。

2．运用遮罩动画和逐帧动画制作线条伸展和模拟喇叭吹响的动画效果。

3．使用运动补间动画和遮罩动画制作树、钟、寺庙等元素的动画效果。

4．使用运动补间动画制作风车转动、小鸟飞翔、云朵飘飘等动画效果。

5．绘制不规则椭圆形状，并显示文字"Hello!Pingle"和"天府牧歌 古镇平乐"。

6．制作进入公司网站的按钮，并通过代码添加链接。

9.2.3 考核标准

序 号	考 核 选 项	考 核 标 准	分 值
1	项目设计思路	能明确制作目标和步骤	10分
2	线条伸展、吹响喇叭效果	线条伸展、喇叭伸缩流畅自然，真实感强	10分
3	卡通元素的显示效果	元素排列有层次感、运动补间和遮罩动画技术应用熟练	30分
4	风车转动等动画效果	能利用运动补间制作不同风车转动等效果	10分
5	文字动画效果	文字显示正常，位置、角度排版合理	10分
6	按钮的制作	能正确制作按钮，并添加链接	10分
7	整体动画效果	场景页面视觉美观，动画流畅	10分
8	创新性	能主动思考、发挥创意	10分
	总分		100分

9.2.4 项目效果

9.3 任务 3——动画短片的制作

9.3.1 项目背景

动画短片通常是以动画的形式讲述一个故事，或通过一个故事情节阐述一个道理。本实例改编自民间传说"愚公移山"，分成若干个场景来完成。动画中的细节较多，如人物对话时的表情、动作等，要注意刻画；同时，还要注意不同场景的布置、人物对话的配音等，制作时需要非常耐心和细心。

9.3.2 设计提示

1．设置舞台尺寸为 550×400 像素。

2．利用素材组接背景，合理排放树木、道路等元素，注意叠放层次。

3．使用运动补间动画制作片头字幕、过渡字幕、结尾字幕淡入淡出的动画效果。

4．运用基本动画形式完成人物细节刻画，如人物对话、表情等。

5．根据故事中的对话配音，制作出人物对话的动画效果。

6．根据故事情节和动画节奏组接分场景，运用推、拉、摇、移等多种镜头表达手法切换分场景画面，形成一个完整的动画效果，过渡要流畅。

9.3.3 考核标准

序　号	考核选项	考核标准	分　值
1	项目设计思路	能明确制作目标和步骤	10 分
2	背景等画面元素的组接	合理排放，层次感强	10 分
3	字幕动画效果制作	能顺利完成片头、过渡、结尾字幕的制作	10 分
4	人物细节刻画	能制作出人物对话、表情变化等动画效果	20 分
5	配音的添加	能根据提供的音频素材添加配音，音画同步	20 分
6	场景组接、合成	能运用多种镜头语言合成场景，过渡流畅	10 分
7	整体动画效果	场景页面视觉美观，故事情节完整清晰	10 分
8	创新性	能主动思考、发挥创意	10 分
	总分		100 分

9.3.4　项目效果

9.4　任务 4——简单 Flash 网站制作

9.4.1　项目背景

　　本项目设计的是旅游类网站的导航条以及旅游景点介绍动画效果，设计时要突出每个景点的特点，界面设计要美观大方，各类元素要一目了然，使游客通过简单浏览就能快速对景点有一个比较真实和全面的了解，从而起到高效宣传和推广网站的作用。

9.4.2　设计提示

　　1．设置舞台尺寸为 780×400 像素。

　　2．制作各地区导航栏目按钮，应用传统补间动画制作导航栏目逐一显现的动画效果。

　　3．为每个导航栏目按钮添加事件侦听器，使按钮单击事件可用。

　　4．综合应用传统补间动画和遮罩动画制作旅游景点图片的滚动效果。

　　5．添加背景图片，引入导航动画元件；应用引导动画制作出热气球飞升的动画效果。

　　6．综合应用文本工具和 UIScrollBar 组件制作景点介绍元件。

9.4.3　考核标准

序　号	考 核 选 项	考 核 标 准	分　值
1	项目设计思路	能明确制作目标和步骤	10 分
2	导航栏目按钮	能设计出导航栏目，并使其逐一显现	10 分

续表

序　号	考核选项	考核标准	分　值
3	为添加事件侦听器	能制作出按钮单击跳转动画效果	20分
4	旅游景点图片的滚动效果	能应用补间动画和遮罩动画制作滚动效果	10分
5	热气球飞升的动画效果	能应用引导动画制作出气球上升动画	10分
6	景点介绍文字动画效果	能综合应用文本工具和组件调用文本文件	20分
7	整体动画效果	场景页面视觉美观，符合歌曲节奏	10分
8	创新性	能主动思考、发挥创意	10分
	总分		100分

9.4.4　项目效果

9.5　任务5——教学课件制作

9.5.1　项目背景

　　本项目要求制作有关光与色彩关系的教学课件，在制作之前，要了解该课件的教学目的和最终效果应达到的要求，然后确定可见的整体风格和应用形式。然后，就要根据课件要包含的知识点逐一设计分场景动画；最后将各个场景进行组合，形成一个完整的作品。

　　本项目所给出的教学课件实例制作时将每个知识点单独作为一个小的动画文件，输出为swf文件，然后通过在主场景添加代码调用这些swf文件，将分散的知识点组合为一个整体。这样做的好处在于可以简化主场景时间轴，也可以使制作者的思路更加清晰、有序。

9.5.2　设计提示

1．设置舞台尺寸为1200×720像素。

2．针对每个知识点制作单独的动画文件，并输出为swf文件。

3．制作课件知识点对应的按钮，布局整个主场景的页面结构。

4．在主文件场景通过代码调用 swf 文件，并设置合适的位置坐标。

5．添加闪耀星光等动画元素美化课件。

9.5.3 考核标准

序　号	考核选项	考核标准	分　值
1	项目设计思路	能明确制作目标和步骤	10分
2	知识点动画文件的制作	能制作出每个知识点对应的动画文件	40分
3	知识点按钮的制作	知识点对应的按钮齐全、页面结构布局合理	10分
4	文件调用	能通过代码正确调用 swf 文件	15分
5	课件美化	能添加动画元素达到美化课件的目的	5分
6	整体动画效果	场景页面视觉美观，课件系统结构完整	10分
7	创新性	能主动思考、发挥创意	10分
	总分		100分

9.5.4 项目效果

9.6 任务 6——电子菜谱的制作

9.6.1 项目背景

本项目要求制作一个电子菜谱，当顾客单击菜谱下方的缩略图时，将在笔记本形式的菜谱上显示菜品的详细信息。设计过程中使用一些美术字体会增加页面的美观性，但若遇到文本无法正常显示的现象，可选用两种解决方法：一是按 Ctrl+B 组合键将文字分离，转换为普通的图形后再进行发布；二是选中相应的文本框，在"属性"面板中单击"嵌入"按钮，将所需字体嵌入进该 SWF 文件中。

嵌入时，可以嵌入全部字体，也可以仅嵌入某种字体的特定字符子集。嵌入字体之后，该 SWF 文件中的文本便可以在任何计算机上都保持相同的外观，而不用再考虑用户计算机中是否包含该字体。

9.6.2　设计提示

1．设置舞台尺寸为 700×450 像素。

2．制作一个笔记本样式的电子菜谱页面作为背景。

3．菜品所有图片、文字排版布局。

4．菜谱下方自动滚动所有菜品的缩略图，顾客单击中意的菜品后，笔记本左侧将显示相应菜品的大图，右侧则展示相应菜品的口味、工艺、价格等信息。

5．使用动态文本，通过动态调用存储菜品信息的数组实现顾客选菜功能。

9.6.3　考核标准

序　号	考 核 选 项	考 核 标 准	分　　值
1	项目设计思路	能明确制作目标和步骤	10 分
2	页面背景的制作	能制作出笔记本样式的页面效果	10 分
3	图片、文字排版	根据需要合理排版布局图片和文字信息	10 分
4	缩略图滚动且可选功能	能通过代码实现菜品可选、显示大图功能	30 分
5	动态文本调用	能实现动态调用菜品名称的功能	20 分
6	整体动画效果	场景页面视觉美观，课件系统结构完整	10 分
7	创新性	能主动思考、发挥创意	10 分
	总分		100 分

9.6.4　项目效果

参 考 文 献

[1] 朱坤华. Flash 制作案例教程. 北京：清华大学出版社，2012

[2] 刘本军. Flash CS3 动画设计案例教程. 北京：机械工业出版社，2009

[3] 缪亮. Flash 动画制作基础与上机指导. 北京：清华大学出版社，2010

[4] 力行工作室. Flash CS4 完全自学教程. 北京：中国水利水电出版社，2009

[5] 王大远. 一定要会的 Flash CS5 精彩案例 208 例. 北京：电子工业出版社，2011

[6] 李晓静，陈小玉. Flash 动画制作项目教程. 北京：清华大学出版社，2012